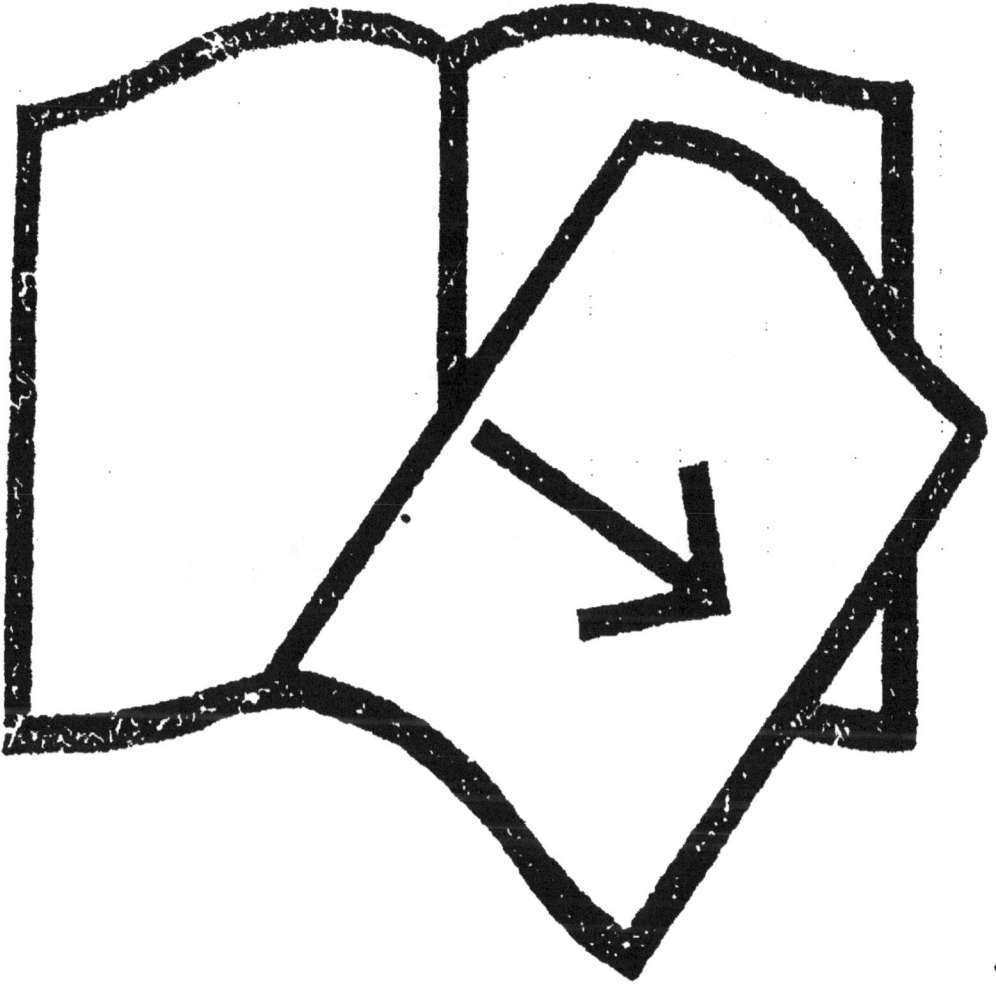

Couvertures supérieure et inférieure
manquantes

MANUEL

DU

PORCELAINIER,

DU FAÏENCIER

ET DU

POTIER DE TERRE.

MANUEL

DU

PORCELAINIER,

DU FAÏENCIER

ET DU

POTIER DE TERRE;

SUIVI DE L'ART DE FABRIQUER LES TERRES
ANGLAISE ET DE PIPE, AINSI QUE LES POÊLES,
LES PIPES, LES CARREAUX, LES BRIQUES ET
LES TUILES ;

PAR M. BOYER,

ANCIEN FABRICANT, ET PENSIONNAIRE DU ROI.

TOME PREMIER.

PARIS,

RORET, LIBRAIRE, RUE HAUTEFEUILLE,

AU COIN DE CELLE DU BATTOIR.

1827.

AVERTISSEMENT.

—

Les arts font la gloire et la prospérité des peuples; c'est à eux qu'on doit, en grande partie, les progrès de la civilisation : aussi voyons-nous, de nos jours, une foule d'hommes, dont le nom se rattache à plus d'un genre d'illustration, consacrer leur vie à en reculer les bornes et à en mettre la pratique au niveau des découvertes les plus modernes. Une des plus heureuses idées est sans doute d'avoir rendu l'instruction populaire, et d'avoir mis les sciences et les arts à la portée de tout le monde, en écartant soigneusement les erreurs et les préjugés dans lesquels ils étaient ensevelis, et en offrant plus spécialement ce qu'ils peuvent présenter d'intéressant pour leur perfectionnement et de plus utile pour les divers besoins de la vie.

Tel est le but que nous nous sommes également efforcé d'atteindre dans notre ouvrage sur la porcelaine et les poteries en général. De longues recherches dans les ouvrages anciens et modernes, une longue pratique, les conseils de quelques amis éclairés, des procédés nouveaux et qui n'avaient point encore été décrits, de nouvelles couvertes dont l'expérience a confirmé la bonté, des engobes qui sont le fruit de nos travaux, l'emploi de quelques terres de couleur, l'application des connaissances chimiques à la fabrication et à l'emploi des couleurs, un appareil de notre invention pour corroyer la terre et remplacer le marchage, une proposition de perfectionnement pour la voûte du four à faïence, etc.; tous ces moyens réunis rendent notre ouvrage le plus complet de ceux qui ont paru, et nous font présager qu'ils nous acquerront quelques droits à la bienveillance du public éclairé.

Ceux qui se livrent à l'étude des arts n'ignorent point que M. Langlois, fabricant à Bayeux (Calvados), qui reçut en 1819 une médaille d'argent, fabrique des réchauds en porcelaine. D'après cela, nous pensons qu'on peut faire des poêles de cette matière : il suffirait, pour prévenir les effets du passage du froid au chaud, de garnir l'intérieur d'une tôle solide.

Nous croyons même pouvoir avancer, avec quelque certitude, que si MM. les fabricans prennent la peine de se livrer à quelques études et à des essais dirigés par elles, ils parviendront à faire des tables, de grands carreaux, puisque le fabricant que je viens de citer, confectionne des plaques de dix-huit à vingt pouces de longueur, sur lesquelles il fait graver des inscriptions pour désigner les rues et les numéros des maisons. Déjà les villes du Havre, de Caen et de Bayeux ont adopté ce numérotage, qui est tout à la fois brillant et durable.

Si l'on parvenait à faire des tables planes ou des carreaux, ce qui jusqu'à présent a été regardé comme presque impossible, à cause du gauche ou de la fente qu'occasionne la cuisson, alors nous verrions s'élever des colonnes et des obélisques de porcelaine, sur lesquels on rappellerait les traits mémorables de la vie de nos grands hommes.

Nous pensons donc que, pour parvenir à faire réussir au four la table plane ou le carreau, il faudrait établir des supports en mauvaise pâte, qui seraient cuits et dressés bien droits d'abord, et qui tiendraient lieu de rondeaux et de gazettes. Si l'on voulait essayer de les cuire sur champ, on ferait une espèce d'étui d'épaisseur, à jour, formé en enclavement, dans lequel on introduirait la table ou le carreau. Ce jour serait pour le libre jeu de la flamme, et les bords qui toucheraient les rainures du haut et du bas des étuis, ne seraient pas émaillés. Ces étuis seraient donc carrés, comme le sujet qu'ils devraient garantir au four.

Au reste, la manufacture de Sèvres, renommée à si juste titre, peut donner l'exemple du merveilleux dont nous ne donnons ici que l'idée. Soutenue par le gouvernement, elle peut mieux que les autres faire des essais en grand, et construire des fours exprès pour cuire ces objets. Elle peut encore, plus facilement que toute autre manufacture, obtenir et occuper les artistes du premier mérite, puisque ceux-ci, après de longs travaux, sont sûrs d'une retraite honnête. Cette manufacture peut de plus faire des porcelaines de diverses couleurs, attendu qu'une pâte tendre ainsi que l'émail, à la cuisson, arrivent à la nuance du *bleu céleste*. Une porcelaine de couleur pourrait nous offrir des vases d'un ton varié et rare. Le célèbre Wedgwood, fabricant anglais, est parvenu à composer des poteries de couleur qui tiennent le premier rang après la porcelaine et font l'admiration générale, en même temps qu'elles procurent à l'Angleterre un commerce considérable.

Les Français ne le cèdent en rien aux Anglais pour le génie; comme ces insulaires, ils peuvent tout concevoir, tout oser et tout faire. Ici nous ne laisserons point échapper l'occasion d'offrir à quelques uns de nos concitoyens le tribut d'éloges qu'ils méritent.

MM. Baruc et Cerfweil ont été brevetés pour l'émail préservant de toute gerçure.

MM. Blanc et compagnie sont parvenus à fabriquer des vases de la plus grande dimension.

M. Darte père a surpassé tout ce qu'on avait vu en blancheur et en beauté pour la décoration.

M. Dénuelle a obtenu une application de fond au grand feu.

Les frères Nast ont trouvé le secret d'appliquer en grand la molette à la décoration de la porcelaine.

Tous ces fabricans, qui ont exposé dans les années 1806, 1819 et 1823, ont reçu des médailles de premier et second prix.

Quelques décorateurs sur porcelaine se sont

également fait remarquer dans les mêmes expositions, et le jury leur a décerné des médailles. Ce sont MM. André, Darte (François), Gonord (veuve), Honoré, Ed. Dagoty, Legros d'Anisy et Schœscher.

Ce serait nous montrer injustes envers l'exposition de 1826 que de la passer sous silence. Les étrangers s'y sont portés en foule, et leur admiration, à l'aspect de tant de chefs-d'œuvre qui étaient rassemblés au Musée, a été des plus glorieuses pour nos artistes. Nous ne croyons mieux la faire connaître qu'en empruntant à M. Julia-Fontenelle une partie de ce qu'il en a dit dans son intéressant article.

« Ce qui attirait tous les regards était une table, dite *du sacre*, parce que le plateau est orné de neuf tableaux ronds qui représentent les principaux épisodes de cette auguste solennité.

« On ne sait ce qu'on doit admirer le plus de ce bel ouvrage, de la richesse ou de l'élégance, de la forme ou de la matière, des sujets ou des accessoires. Le plateau est d'une seule pièce et a un mètre de diamètre; il est soutenu par un superbe pied en porcelaine, également d'un seul morceau, sauf les liaisons indispensables. La tige est composée d'un faisceau de lis dont les fleurs forment le couronnement, etc. Les modèles des figures sont dus à M. Guersent, et ceux des ornemens à M. Regnier. Le tout a été exécuté en porcelaine par ce dernier. Le bronze et la monture sont de M. Boguet. Les médailles et les armoiries qui décorent le plateau sont dus à M. Barbin; les ornemens en *sali d'or*, et le *bruni à l'effet* à M. Durosey; la dorure entière à M. Boullemier jeune, et les neuf tableaux colorés ont été composés et exécutés par M. Devely.

« Les amateurs de meubles précieux s'arrêtaient devant une petite bibliothèque en style gothique, dont MM. Fragonard et Langrenon ont fourni le dessin, et devant un *Bonheur du jour,* composé par M. Leloy. Les artistes se pressaient autour d'un paysage de M. Robert, qui réunit à l'éclat de la peinture sur porcelaine, toute la vigueur de la peinture à l'huile. C'est une copie du tableau de Carle Dujardin, connu sous le nom de la *Charrette au cheval blanc.* On a remarqué aussi avec plaisir deux portraits dont la touche ferme et moelleuse décèle une main de maître. L'un, d'après Van-Dick, est de madame Jacquotot;

l'autre, d'après Rubens, est dû au pinceau de Béranger. Nous devons aussi des éloges au rare talent avec lequel madame Ducluzeau a contribué, sous plusieurs rapports essentiels, à l'éclat de cette exposition. Dans l'ensemble, comme dans le détail, cette exposition était bien digne des éloges qui lui ont été prodigués. »

Il ne faut pas croire que ce sont les seuls décorateurs qui, par leurs talens, jouissent d'une haute réputation ; mais on sent que nous ne pouvons nommer ici tous les artistes distingués en ce genre.

Si, par les diverses propositions de perfectionnement que nous avons faites, MM. les fabricans de briques et de tuiles veulent tenter les changemens que nous leur indiquons et dont nous démontrons la possibilité, la société jouira d'une brique, sinon plus légère, du moins plus compacte et plus régulière, et d'une matière qui, étant plus parfaite, couvrirait les toits de nos maisons de manière à prévenir l'introduction des neiges, de la pluie, et les garantirait des vents impétueux.

MANUEL

DU

PORCELAINIER,

DU FAÏENCIER

ET DU

POTIER DE TERRE.

AVANT-PROPOS.

Dans son Discours sur la question de savoir si le rétablissement des Sciences et des Arts a contribué à épurer ou à corrompre les mœurs, J.-J. Rousseau s'exprime ainsi :

« L'esprit a ses besoins ainsi que les corps. Ceux-ci sont les fondemens de la société, les autres en sont l'agrément. Tandis que le gouvernement et les lois pourvoient à la sûreté et au bien-être des hommes assemblés, les sciences, les lettres et les arts, moins despotiques et plus puissans, peut-être, étendent des guirlandes de fleurs sur les chaînes dont ils sont chargés, étouffent en eux le sentiment de cette liberté originelle pour laquelle ils semblaient être nés, leur font aimer l'esclavage, en en formant ce qu'on appelle des peuples policés. Le besoin éleva les trônes; les sciences et les arts les ont affermis. Puissances de la terre, aimez les talens et protégez ceux qui les cultivent. »

L'antiquité a vu les Arabes fonder le plus grand commerce qu'on avait vu depuis Athènes et Carthage, quoique alors ils eussent peu de lumières et de raison cultivée. Mais ils devaient cette prospérité à leur puissance et à la nature du pays qu'ils possédaient, étant maîtres de l'Espagne, de l'Afrique, de l'Asie mineure, de la Perse et d'une partie de l'Inde.

Les Vénitiens, les Génois et les Arabes de Barcelonne, allèrent prendre les marchandises de l'Afrique et de l'Inde, et les versèrent dans l'Europe.

Les Grecs avaient imité les manufactures de soie, et ils s'étaient ouverts, par Caffa et par la mer Caspienne, le commerce de l'Inde. Les Génois partagèrent le commerce avec les Grecs au déclin de l'empire, causé par le fanatisme et la bigoterie.

La Chine, qui s'est isolée de l'Europe, que borde la Russie d'Asie et la Tartarie indépendante, se suffit à elle-même, et elle se trouve assez riche du Hang-ho et du Kiang-ho, rivières qui la traversent et qui lui suffisent, avec ses routes de terre, pour le transport de ses marchandises. Les Européens vont chez elle, quand elle ne vient pas chez les Européens.

La noblesse de l'Europe prit, dans les folles expéditions des croisades, quelque chose des mœurs des Grecs et des Arabes : elle connut leurs arts et leur luxe ; il lui devint difficile de s'en passer. Et pour finir sur ce chapitre, nous ajouterons que les Vénitiens eurent un plus grand débit des marchandises qu'ils tiraient de l'Orient.

Les Arabes eux-mêmes en portèrent en France, en Angleterre, jusqu'en Allemagne. Ces nations alors étaient sans vaisseaux et sans manufactures : on y gênait le commerce, et on y méprisait le commerçant ; cette classe d'hommes utiles ne fut jamais honorée chez les Romains. La république batave était devenue l'entrepôt de l'Europe.

L'Angleterre commande aux mers de lui transporter toute son industrie et son commerce, et ces marchands universels, brisent chaque jour le char de la Sainte-Alliance. L'Espagne meurt avec les moines qui la dominent ; le Turc inonde de cadavres le bassin profond des Dardanelles : bientôt il commercera sur le sang des hommes.

Les beaux jours de l'Italie furent le résultat de sages lois, et de la prospérité du commerce. La France, cette terre classique des héros, se trouve maintenant placée à la tête

de toutes les nations par ses arts chimiques et
industriels. Depuis l'humble cultivateur jusqu'au riche citadin, tout est avide de savoir,
tout ressent l'impérieux besoin d'étendre la
sphère de ses connaissances et de voir la pratique des arts éclairée du flambeau de la théorie. Pénétrée de cette vérité et de son influence
sur les progrès de la civilisation et, par suite,
de la prospérité de notre belle patrie, une
réunion de savans a entrepris une collection
de Manuels, formant une encyclopédie des
sciences et des arts plus au niveau des connaissances actuelles que l'ancienne. Les auteurs
de ces Manuels, déjà connus par d'honorables
travaux, se sont attachés à mettre même les
préceptes les plus épineux des sciences et des
arts à la portée des gens du monde; sous ces
divers points de vue le succès d'une telle collection n'a pu être douteux.

Ne connaissant aucun ouvrage moderne qui
traite de la fabrication de la porcelaine et des
diverses poteries, nous avons cru devoir, à
notre tour, entreprendre de poser une pierre
à l'édifice élevé par ces savans.

Toutes les fortunes pourront s'instruire, et
les simples artistes s'éclairer à peu de frais,
et nourrir le génie que la nature leur a donné.

Jusqu'à présent nous n'avons pas lu dans
les annonces publiques que quelque artiste
s'occupât d'offrir au public un traité particulier sur les fabrications de la porcelaine et des
poteries en général. C'est ce qui nous a donné

l'idée de nous en occuper, non que nous ayons aucunement la prétention de marcher à l'égal des savans encyclopédistes.

Nous ne possédons que des connaissances pratiques, acquises par l'expérience de dix-huit années. Pour parvenir à un résultat digne d'être offert au public savant, nous avons fait de nombreuses recherches dans les auteurs qui ont traité de la minéralogie et de la chimie. Nous avons consulté ceux surtout qui se sont occupés de la fabrication des poteries, et nous avons rectifié les choses qui nous en ont paru susceptibles, d'après nos propres lumières. Ainsi nous pouvons dire que notre travail est une compilation heureuse, puisée à de bonnes sources. Notre seul mérite est d'avoir réuni plusieurs savans, dont les ouvrages sont répandus dans une infinité de Recueils, et qui vont se trouver ensemble dans un seul, ce qui peut devenir utile aux manufacturiers et aux artistes. Dans les fabrications autres que celle de la porcelaine, on y trouvera des choses qui jamais n'ont été imprimées, et qui, par conséquent, seront nouvelles pour tous.

Dans les compositions des couleurs pour la porcelaine, nous donnons celle du carmin de Hollande, qui n'est pas connue. Nous faisons connaître, sur les poêles, les briques et les carreaux, non seulement des choses inconnues dans les traditions, mais nous hasardons quelques idées sur la construction des tuiles, des briques, et un perfectionnement dans les fours à faïence surtout, et d'autres que l'on trouvera dans nos traités sur la terre dite anglaise et la poterie.

On nous reprochera peut-être trop de détails dans la fabrication de la porcelaine, mais ces détails ne sont pas sans mérite, parce que rien dans cette fabrication n'est à dédaigner; car nous en connaissons toute l'importance, et combien leur ignorance peut porter de préjudice à la fortune des fabricans.

La terre de pipe et la terre dite anglaise, exigent un fini qui s'approche de celui de la porcelaine, et, par conséquent, à peu près les mêmes soins.

La faïence n'en demande pas autant que la porcelaine et les terres que nous venons de nommer; mais elle en exige plus que la poterie proprement dite.

Les poêles demandent des soins particuliers pour leur construction, qui doit répandre le calorique par combinaison.

Le carreau d'appartement de nouvelle conception, et la brique réfractaire, comme celle qui vient d'être inventée pour servir à l'usage du foyer dans les bateaux à vapeur, n'en exigent que dans la composition des matières.

La tuile est grossière par son fini.

Les compositions que nous indiquons sont les résultats certains de la science et de leur emploi : dès-lors elles ne peuvent être douteuses, c'est pourquoi nous dirons aux artistes, suivez et ne vous écartez pas : soyez chimistes pour de nouvelles découvertes, seulement, si vous croyez en faire.

Nous donnons scrupuleusement les dimensions et les formes des fours ; nous dirons que la forme ronde a été reconnue la meilleure. Pour la terre dite anglaise, on les fait ronds ou carrés. Le four octogone ne convient que pour la cuisson au charbon de terre ; cette forme, ainsi que la forme carrée, n'admet qu'une bouche ou foyer de cuisson (à Bruxelles, dans les années 1790 et 1791 on a fait de très belle porcelaine cuite au charbon de terre) (1). Le four à porcelaine a trois et quatre alandiers ; les fours à faïence, à poterie et autres, n'ont qu'un foyer pour la cuisson, que l'on appelle enfer (en faïence seulement). Nous indiquons aussi le four à cuire les pipes, puisque nous traitons également de cette fabrication, qui est plus compliquée qu'on ne pourrait le penser.

Les Orientaux, depuis des siècles, sont en possession de la porcelaine. En Chine, elle est connue sous le nom de *thsky* ; elle paraît être aussi ancienne que le pays. Celle du Japon passe pour la plus belle, et les Saxons, de

---

(1) Ce charbon est meilleur dans les Pays-Bas qu'en France, c'est pourquoi nous ne pensons pas qu'avec notre charbon de terre on puisse cuire la porcelaine.

qui les Français la tiennent, n'ont pas dégénéré, du moins quant à la beauté et à la légèreté. Aujourd'hui la porcelaine de France les surpasse toutes.

M. Réaumur est l'un des premiers physiciens, en France, qui, par son génie, éclairé par la chimie, soit parvenu à démêler les vraies substances qui entraient dans la composition de la porcelaine. Plusieurs autres savans, tels que MM. Lauraguais, Cuétard, Montamy, La Some Baumé, Macquer, Montigny, Le Sage et Chaptal, chimistes de première classe, se sont occupés de cette partie de l'art.

M. Macquer a enrichi la manufacture de Sèvres de la porcelaine dite de France, composée de fritte.

La porcelaine est le plus élégant mobilier qui pare les cheminées et les salons des grands comme leur table somptueuse. Quand on sera parvenu à lui faire subir tous les degrés de chaleur et de froid possibles, elle deviendra, même pour la cuisine, un objet de première nécessité.

Le blanc français, obtenu sur la porcelaine, peut être appelé le blanc *Marguerite*. Il est le plus beau connu.

Les fabricans de porcelaine, de faïence, de poteries, de poêles, de briques et de carreaux ne sont pas restés en arrière du siècle des lumières : ils se sont avancés dans la noble et belle carrière des arts. Des fabricans de porcelaine ont obtenu des brevets et des médailles, dignes récompenses de leurs travaux; les uns, parce qu'ils sont parvenus à composer un émail qui prévient toute gerçure; d'autres, à appliquer des fonds à grand feu, et à appliquer la molette à la décoration de la porcelaine, ce qui promet de beaux décors pour l'architecture monumentale. Ces savans ont exposé, au Louvre, des vases forme Médicis, Borghèse; des vases pour la toilette et les parfums; des vases qui représentent les triomphes d'Auguste et de César; vases qui, par leur élégance, ont fait l'admiration de la capitale et des étrangers. La beauté de la dorure s'alliait à la solidité.

Ces artistes sont aussi parvenus à faire une porcelaine agatisée qui offre des nuances métalliques, et à l'enrichir de l'impression lithographique.

La manufacture de Sèvres se distingue de plus en plus. Elle excite l'admiration et la surprise. M. Anisy a inventé la dorure par voie d'impression.

Le décors sur la porcelaine a fait des progrès immenses. Il est des artistes en ce genre qui exécutent différens genres de peintures et de dorures sur glace; qui font des tableaux sur papier, la porcelaine, et sur des métaux vernis, sans lithographie ni gravure. La peinture chromigraphique, aujourd'hui, n'est susceptible d'aucun changement; on n'y emploie ni huile, ni essence, ni vernis ordinaire; ces substances sont remplacées par une composition chimique dont l'effet est d'avoir les couleurs belles et de leur faire produire des teintes d'un ton doux et prononcé.

On a vu exposer au Louvre, un tableau chromigraphique qui, vu de près, offrait le charme de la miniature et de la peinture sur porcelaine, et qui, vu de loin, faisait concevoir la nature se surpassant elle-même. Ce genre de peinture est de longue durée, d'une conservation facile et d'un prix modéré.

Les Anglais, toujours ingénieux, toujours inventifs, ont donné à nos décorateurs l'idée de les imiter dans le camée. On remarque dans nos brillans magasins des camées incrustés dans le cristal, et des camées de terre cuite, de diverses couleurs. Ces camées ornent les nécessaires, les flacons de cheminées et de poche. On y voit aussi des verres ornés et des médailles antiques.

L'auteur, M. Desprez, travaille à rendre la porcelaine propre à la chimie et à la cuisine.

Enfin, on a vu exposer au Musée, une plaque ronde en porcelaine, représentant Amphitrite portée sur les eaux.

Dans le département du Jura, à Orchamp, on fabrique une demi-porcelaine, dite *jérausem*, qui supporte le plus grand feu et qui est propre à la cuisine. Le blanc intérieur en est bis (1), et l'émail extérieur roussâtre. Il pa-

---

(1) Le kaolin pourrait entrer dans ce blanc ou émail.

raît qu'il entre de la terre de pipe et du petunzé dans la composition principale.

La faïence a moins fait de progrès que la
porcelaine. Les fabricans ont encore bien des
recherches à faire. Dans le cours de notre ouvrage, nous leur indiquerons comment ils
pourraient se passer de plomb pour le blanc
émail.

On est parvenu, dans la faïence, à imprimer
sous émail, à faire une faïence émaillée d'or
à vingt-quatre karats et agatisée.

Les plus grands progrès se font remarquer
dans les poêles calorifères à bouche de feu.
Nous nous étendrons sur ces poêles quand
nous traiterons leur article.

La poterie de terre a, depuis un demi-siècle,
singulièrement avancé dans la perfection, particulièrement pour les vases de jardin. Néanmoins, que de choses encore à faire surtout
dans la composition des émaux, et notamment dans le blanc! Nous indiquerons quelques
nouveaux procédés.

Des fabricans sont parvenus à faire une poterie, connue sous le nom de globe, utile à
la construction des voûtes de magasins, de
galeries légères, et qui garantit de l'incendie.

De plus des mitres de cheminées à recouvrement, dit larmiers, pour l'écoulement des
eaux, qui sont carrés et ronds, pour, au besoin, recevoir des tuyaux. Et des formes à
sucre et des pots pour les sirops qui ne ron-
gissent pas la matière.

M. Anisy est encore parvenu à faire un carreau d'appartement, qui présente un beau rouge, et qui n'a nul besoin d'être coloré. Mais il n'est pas le seul, M. Lot, ancien fabricant de porcelaine, est également parvenu à faire un carreau très régulier, d'un beau rouge, d'une ductilité à faire feu au briquet. Sur ce carreau, de plusieurs couleurs quand il le veut, il y grave des sujets d'ornement qui ne font pas relief. Il en a fait pour les salons et les églises. Mais peu fortuné et trop modeste, la société ne jouira pas de ses découvertes.

Finalement, dans la briqueterie, on a réussi à faire des briques réfractaires propres à des tuyaux de cheminées, renfermées dans l'épaisseur des murs, qui sont recommandées pour les travaux publics, par M. Héricart de Thury, directeur des travaux de Paris. Ces briques sont de l'invention de M. Gourtier, architecte.

M. Laugorrois fait des creusets qui résistent aux plus fortes épreuves du feu.

Une des premières conditions qu'on doit exiger d'un ouvrage consacré aux arts, c'est d'être écrit avec clarté et d'être le plus méthodique qu'il est possible : tel est le but que nous avons cherché à atteindre. Nous avions un écueil à éviter, c'était de ne pas rendre ce travail trop scientifique pour ne pas être entendu des ouvriers, et cependant il fallait leur présenter des élémens théoriques de cet art qui pussent, en leur servant de guide, contribuer à étendre la sphère de leurs connaissances. Nous croyons avoir atteint ce but important en plaçant des notions préliminaires à la tête de notre ouvrage. Nous les avons divisées en huit chapitres :

Le premier contient un aperçu géologique sur les roches et leur formation ;

Le second traite des métaux ;

Le troisième, des principes minéralisateurs des métaux ;

Le quatrième, des oxides : ils sont divisés en alcalines, ou alcalis ; en terreux, ou terres ; et en oxides ordinaires ;

Le cinquième est consacré aux divers acides ;

Le sixième, aux substances salines ;

Le septième, aux émaux ;

Le huitième, à divers essais d'analyse, et principalement des métaux, des pierres et des sels.

C'est, pour ainsi dire, l'abrégé d'un cours de chimie minérale que nous avons tracé, lequel, à l'aide du vocabulaire que nous avons placé à la fin de ce travail, contribuera beaucoup à répandre de l'intérêt sur cet ouvrage.

La division des objets que nous avions à traiter était si naturelle, que nous n'avons pas eu grand'peine à les classer. En conséquence, l'ensemble des arts que nous avons traités se trouve divisé en six parties.

Dans la première, nous nous sommes occupé de la fabrication de la porcelaine et de tout ce qui s'y rattache ;

La seconde a pour but la fabrication de la terre dite anglaise ;

La troisième partie est consacrée à la faïence;

La quatrième à la poterie proprement dite, des cruches, alcarazas, des grès, des creusets, des carreaux, etc. ;

La cinquième, à la fabrication des pipes ;

La sixième, à celle des briques et des tuiles.

En traitant chacune de ces parties, nous nous sommes attaché à présenter les faits pratiques les plus intéressans, tant sur la nature des terres que sur leur préparation, leur cuite et la préparation des couleurs.

Nous avons puisé dans les auteurs anciens et modernes ce qu'ils ont présenté de plus curieux sur un art qui, à notre avis, est bien loin d'avoir encore été traité *ex professo*; aussi n'avons-nous eu souvent d'autre guide que notre pratique. Nous ne dissimulerons point que nous avons fait plusieurs emprunts à quelques uns de ces auteurs; et nous conviendrons, avec la même franchise, que nous avons reçu de M. *Julia-Fontenelle* des documens chimiques et minéralogiques qui nous ont été de la plus grande utilité, et dont nous remercions cet habile professeur.

NOTIONS PRÉLIMINAIRES.

—

Avant de décrire les procédés d'un art, sa pratique et sa théorie, il est bon de faire connaître les principes sur lesquels il repose, et les matériaux qu'il emploie. Sous ce point de vue nous allons donner un exposé des divers métaux, oxides et terres connus, en nous étendant plus particulièrement sur ceux qui ont une application plus spéciale à l'art du porcelainier, ainsi qu'à celui du fabricant de diverses poteries, etc. Dans tout le cours de cet ouvrage, nous nous faisons une loi de passer constamment du connu à l'inconnu et du simple au composé. D'après cette marche, qui nous a semblé la plus naturelle, il nous a paru indispensable de dire un mot des roches, avant de nous occuper des terres, qui n'en sont que les débris.

~~~~~~

CHAPITRE PREMIER.

DES ROCHES.

LES géologues ont considéré le globe terrestre comme un composé de plusieurs couches pierreuses de nature différente, auxquelles ils donnent donc le nom de roches ou de terrains. D'après cela, la *géologie* ou la *géognosie*, est la science qui a pour but d'étudier ces mêmes couches qui concourent à la formation du globe, ainsi que leur direction, leur composition et leur position respectives. La *minéralogie* diffère de la géologie, en ce que la première, ayant des rapports moins généraux, s'applique plus spécialement à l'histoire de chaque espèce et de ses variétés, ainsi qu'à leur classification, etc. Comme, dans le cours de cet ouvrage nous aurons souvent occasion de parler de ces terrains ou de ces roches, nous allons en donner un aperçu. Les masses pierreuses, connues sous le nom de roches, gisent dans le sein de la terre, et sont placées l'une sur l'autre, de telle manière qu'une roche est recouverte d'une autre de nature différente, celle-ci d'une troisième d'une autre nature, etc.; cet ordre de superposition de roches paraît constant, et chacune d'elles occupe une place toujours fixe dans l'ordre régulier des couches, depuis la plus grande profondeur qu'on ait creusée jusqu'à la surface de la terre. La roche sur laquelle aucune autre n'est superposée s'élève à des hauteurs plus ou moins grandes, et forme ainsi les montagnes diverses. Relativement à leur structure, les roches sont divisées en *simples* ou *isomères* et en *composées* ou *unisomères*.

Les roches simples sont celles qui ne sont composées que d'un minéral connu, la chaux carbonatée, le quartz, le plâtre, le sel gemme, etc.

Les roches composées se sous-divisent en deux espèces qui sont 1°. les *roches agrégées*, ou bien celles dont les parties constituantes sont, pour ainsi dire, entremêlées sans le concours d'aucun ciment, comme on le voit dans le granit, etc; 2°. *les cimentées* sont celles dont les diverses parties sont réunies par l'une d'elles, qui fait l'office de ciment.

D'après l'ordre respectif que les roches ou les terrains occupent dans la croûte terreuse du globe, le célèbre Werner les a divisés en cinq classes.

1°. *Roches primitives ou terrains primitifs.* Cette classe de roches repose au-dessous de toutes les autres, et jamais au-dessus d'aucune autre; voilà pourquoi on la désigne sous le nom de *primitive*, c'est-à-dire ayant été formée avant toutes Les espèces de roches qui composent cette classe ont une apparence cristalline, et leurs principes constituans sont les *terres argileuses, magnésiennes et siliceuses.*

2°. *Les roches de transition* reposent sur les précédentes; elles se composent de substances chimiquement produites. Elles servent de passage des roches primitives aux roches stratiformes; de là vient leur nom de roches de transition. Les principes constituans de ces roches sont :

Le calcaire primitif.

La grauwacke.

La grauwacke schisteuse.

Le calcaire de transition, etc.

3°. *Les roches secondaires ou stratiformes.* Elles reçoivent toutes les précédentes et renferment des débris organiques formés à une époque d'autant plus ancienne, qu'on ne retrouve plus la plupart des analogues vivans. Cette classe de roches est composée de

Pierre calcaire,   Sel gemme,

Grès,   et des grandes Houil-

Chaux sulfatée,   lères.

4°. *Les roches tertiaires ou d'alluvion* sont placées sur les précédentes, et sont formées presque en entier par alluvion ou bien par des dépôts mécaniques; il est aisé de voir qu'elles sont beaucoup plus modernes que les autres. Les masses terreuses qui les constituent sont principalement

L'argile et les diverses glaises.

La houille et le sable.

5°. *Les roches volcaniques.* Ce sont les moins

anciennes de toutes. Les diverses variétés sont produites par les différentes espèces de laves et de tufs. Leur nom indique leur origine.

Au reste, pour de plus grands détails, on peut consulter la deuxième édition de la *Minéralogie* de cette collection, par MM. D. et Julia-Fontenelle.

CHAPITRE II.

DES MÉTAUX.

Les substances métalliques sont des corps simples , très brillans, susceptibles de prendre un très beau poli et un éclat très vif ; ils sont électro-positifs, bons conducteurs du fluide électrique et du calorique. A l'exception du potassium et du sodium, ils sont tous plus pesans que l'eau ; ils s'unissent à l'oxigène pour former des oxides, et quelques uns des acides. Ils sont en général durs, ductiles, malléables, tenaces, élastiques et dilatables. Tous, à l'exception du mercure, sont solides.

Les métaux se trouvent rarement dans la nature à l'*état vierge* ou natif. Presque toujours ils sont combinés avec l'oxigène, le soufre et les acides. Quelquefois aussi ils sont unis avec le chlore et le carbone, et forment des chlorures ou des carbures. On les rencontre dans l'intérieur de la terre en couches, en filons, en

veines ou disséminés. Ils se trouvent aussi en
combinaison dans les pierres et dans les terres;
on en a même extrait des cendres des végétaux. Schéele, en effet, y a reconnu le manganèse, et Beuchet dit avoir retiré de l'or des
cendres des sarmens : ce fait n'a pas été bien
confirmé.

La nature de cet ouvrage ne nous permet-
tant point de faire connaître toutes les propriétés chimiques des métaux, nous allons
nous borner à indiquer leurs caractères généraux.

La connaissance des principaux métaux se
perd dans la nuit éternelle du temps. Les alchimistes les divisent en *métaux parfaits* et
métaux imparfaits. Avant le treizième siècle
on n'en connaissait que sept espèces; leur
nombre se porte maintenant à plus de qua-
rante-une. Nous renvoyons, pour leur classification, au *Traité de Chimie* de M. Thenard,
et à la *Chimie médicale* de M. Julia-Fontenelle :
nous allons nous borner à les exposer ici par
ordre alphabétique, comme étant plus aisé à
consulter, en les divisant cependant en métaux terreux, métaux alcalins, et métaux ordinaires.

§. I. MÉTAUX TERREUX.

On donne à ces métaux le nom de terreux,
parce qu'on n'a pu encore, par aucun procédé, réduire leurs oxides à l'état métallique.
Ce n'est donc que par analogie que l'on admet,

parmi les métaux, la base présumée de sept oxides non également démontrés. Ces substances métalliques sont :

L'aluminium, ou base de l'alumine ;
Le glucinium, ou base de la glucine ;
Le magnésium, base de la magnésie ;
Le silicium, base du quartz ou de la silice ;
Le thorinium, base de la thorine ;
L'yttrium, base de l'yttria ou gadolinite ;
Le zirconium, base de la zircone.

A la section des oxides, nous ferons connaître les terres.

§. II. MÉTAUX ALCALINS.

Ces métaux ont pour caractères distinctifs de s'unir à l'oxigène à la plus haute température ainsi qu'à celui de l'eau en décomposant ce liquide à la température ordinaire. La connaissance de ces métaux ne date que du dix-neuvième siècle ; elle est due à l'heureuse application de l'électricité à l'analyse chimique, par MM. Davy, Berzélius, Wollaston, Children, Gay-Lussac, Thenard, etc.

Les métaux alcalins sont au nombre de six :

Barium.	Potassium.
Calcium.	Sodium.
Lithium.	Strontium.

Barium.

Ce métal a été fort peu étudié, son histoire et son mode d'extraction sont analogues à celles du suivant.

Calcium.

Le calcium a été découvert en 1808 par un chimiste anglais, M. H. Davy. Il est la base de la chaux, laquelle est par conséquent un oxide métallique. Le calcium n'existe point dans la nature à l'état natif, mais bien à l'état de sel, avec les acides carbonique, hydrosulfurique, hydrochlorique, nitrique, phosphorique, sulfurique, etc, et constituant les diverses pierres calcaires, les marbres, les gypses, certains albâtres; le muriate, nitrate et phosphate de chaux, etc.

Le calcium n'a pas encore été l'objet de bien des recherches. On sait seulement qu'il est solide, plus pesant que l'eau; son affinité pour l'oxigène est telle qu'il l'enlève à presque tous les autres corps. Par son contact avec l'air ou avec l'eau il se convertit en oxide.

Pour rendre notre ouvrage au courant de la science, nous allons donner la manière de préparer les principaux métaux alcalins en l'appliquant au calcium.

On fait une pâte avec un sel calcaire et l'eau, on la met dans une capsule que l'on achève de remplir de mercure, on la place ensuite sur une plaque métallique; cela fait on met en contact le fil négatif d'une forte pile en activité, avec le mercure de la capsule, et le fil positif avec la plaque métallique. La décomposition du sel calcaire est le produit de cette action, de laquelle il résulte que, si l'on a opéré sur un sulfate, l'acide sulfurique et l'oxigène de l'oxide de calcium, ou, si l'on veut, de la chaux, se rend au pôle positif, tandis que le calcium reste au pôle négatif et s'amalgame avec le mercure; il suffit, pour l'en séparer, de distiller cet amalgame dans une petite cornue avec de l'huile de naphte; le mercure, comme étant volatil, passe à la distillation, et le calcium reste au fond de la cornue.

Potassium.

La découverte du potassium, ou base de la potasse, fut faite, en 1807, par M. Davy.

Ce métal est celui de tous qui a la plus grande affinité pour l'oxigène; il est remarquable par des propriétés qui lui sont propres, et qui le rendent très curieux. Il est solide, très brillant, à cassure également brillante et lisse; il est ductile et assez mou pour ne pas résister à la pression des doigts; cependant, à o il est cassant; il est beaucoup plus léger que l'eau, puisque son poids spécifique n'est que de 0,865, tandis que celui de l'eau est de 1,000; c'est le plus fusible de tous les métaux, après le mercure, puisqu'il se fond à $+ 58°$. Dans cet état de fusion, il s'enflamme en donnant lieu à une si grande émission de calorique et de lumière, que la cloche est souvent cassée. Le produit de cette inflammation est un peroxide de potassium qui est d'un brun jaunâtre. Le potassium se volatilise sous forme de vapeurs vertes; il brûle dans le chlore avec un grand éclat; il en est de même en s'unissant au cyanogène, ou bien quand on le chauffe avec le gaz acide hydrosulfurique (hydrogène sulfuré), auquel il enlève le soufre. Mais un phénomène très curieux du potassium, c'est que, lorsqu'on le projette sur l'eau ou qu'on le met en contact avec ce liquide, il roule en globules de feu à sa surface, avec un dégagement bien sensible de flamme et de lumière. Dans cette réaction, l'eau est décomposée, et l'hydrogène, mis à nu, est enflammé par la haute température du métal, qui absorbe l'oxigène de l'eau et passe à l'état de protoxide. Voilà pourquoi il faut conserver le potassium dans l'huile de naphte, tant pour le garantir du contact de l'eau que de celui de l'air, auquel il enlève l'oxigène et se convertit en protoxide.

On a d'abord préparé le potassium comme le calcium. MM. Gay-Lussac et Thenard ont donné un meilleur procédé, qui consiste à introduire de l'hydrate de potasse et de la tournure de fer dans un canon de fusil bien décapé et à les faire chauffer fortement.

Sodium.

M. Davy découvrit le sodium, ou la base de la soude, en même temps que le potassium; son histoire et ses modes de préparation sont les mêmes.

Le sodium est solide et inodore, d'une couleur semblable à celle du plomb, quoique cependant très brillante, de même que sa section;

il est ductile et mou comme le précédent, mais plus pesant et moins fusible. En effet, son poids spécifique est de 0,972, et son degré de fusion est à + 90°; il ne se volatilise qu'à une très haute température; par son contact avec l'eau il ne s'enflamme point. Cependant, M. Julia-Fontenelle a fait connaître une expérience de M. Balcells qui démontre qu'à une température au-dessus de 40° cette inflammation a également lieu, et qu'à poids égal, il dégage beaucoup plus de calorique et de lumière, et décompose beaucoup plus d'eau que le potassium. Les autres propriétés du sodium sont analogues à celles de ce dernier métal.

Strontium et lithium.

Ce que nous avons dit pour le barium se rapporte au strontium, ou base de la strontiane. Quant au lithium, ou base présumée de la lithine, nous nous bornerons à dire qu'on n'a pu encore parvenir à en isoler le métal. Nous dirons un mot de la *lithine* aux oxides alcalins.

§. III. MÉTAUX ORDINAIRES.

Pour rendre ce travail plus facile à être consulté, nous avons déjà dit que nous garderions l'ordre alphabétique; telle est, en effet, la marche que nous allons suivre. Quoique, parmi ces métaux, il en est quelques uns qui n'ont point encore été appliqués aux arts, ils peuvent cependant, grâces aux travaux des chimistes, recevoir tôt ou tard quelque heureuse application : tel est le motif qui nous a engagé à en présenter un tableau complet.

Antimoine.

Ce métal est connu de temps immémorial. Dans le quinzième siècle, Basile Valentin en indiqua le mode d'extraction. Il existe dans la nature sous trois états : 1°. à celui d'oxide ; 2°. à celui de sulfure et 3°. à celui d'oxide sulfuré.

L'antimoine pur est connu sous le nom de régule d'antimoine. Il est d'un blanc bleuâtre, très brillant, très cassant, facile à pulvériser, non malléable, odorant quand on le frotte entre les doigts, d'une texture lamelleuse, fusible au-dessous de la chaleur rouge, et donnant lieu, par le refroidissement, à des espèces de cristaux réunis qui forment à la surface du culot des herborisations qui paraissent avoir des analogies avec les fougères, etc. En s'unissant à l'oxigène, ce métal donne lieu à plusieurs oxides.

L'antimoine natif est fort rare ; on l'a trouvé, pour la première fois, en Saxe, en 1748. Il existe aussi à Allemont, près de Grenoble ; en Suède, etc.

Les mines de sulfure sont assez communes ; leur structure est en aiguilles verticales d'une couleur grise approchant de celle du plomb. Celles qui contiennent de l'arsenic, ont, dans certains points, une couleur rouge. On trouve des mines d'antimoine dans la Hongrie, en

France, on en rencontre dans plusieurs localités, et principalement dans les départemens de l'*Allier*, du *Cantal*, du *Puy-de-Dôme*, des *Deux-Sèvres*, de la *Vendée*, de la *Vienne*, etc. M. Julia Fontenelle en a fait connaître une qu'il a trouvée dans le département de l'*Aude*. (*Voyez* la seconde édition du *Manuel de Minéralogie*, qui fait partie de cette collection.)

Argent.

Ce métal est désigné, dans les anciens ouvrages, sous le nom de *Lune* ou *Diane*; sa connaissance date de la plus haute antiquité. On le trouve dans la nature sous cinq états différens : 1°. natif et se rapprochant beaucoup du degré de pureté; 2°. allié avec l'antimoine, l'arsenic, le mercure, le cuivre ou le plomb; 3°. à l'état de sulfure; ces mines sont les plus abondantes et par conséquent celles d'où l'on a extrait le plus d'argent; 4°. à celui de chlorure; 5°. à celui de carbonate.

L'argent natif, ou vierge, est cristallisé en cubes ou en octaèdres, ou bien il est sous forme dendritique, filiforme, etc.

Les mines d'argent les plus riches sont celles des pays froids de l'Amérique, comme celles du Potosi; il y en a aussi de fort riches à Oruvo, près d'Arcia, et à Allacha, près de Cusco.

On trouve aussi des mines d'argent en France. Celle de Sainte-Marie-aux-Mines est assez riche; on y trouve, de temps en temps, des morceaux assez considérables de mine d'argent rouge qui est un composé de soufre, d'antimoine et d'argent.

Il y a aussi une mine d'argent que l'on nomme *cornée*, parce qu'elle ressemble un peu à la corne, et qu'elle se laisse couper comme elle. Cette mine s'étend sous le marteau comme le plomb, et l'argent y est minéralisé par le chlore : c'est donc un véritable chlorure d'argent. Cette mine est d'autant plus riche qu'elle est plus noirâtre. Il s'en trouve qui donnent 45 kilogrammes d'argent sur 100 de minerai. Après cette mine, celles d'*argent rouge* sont les plus riches en métal. Elles sont tantôt en grappes et tantôt en prismes à six faces réguliers ou à sommets rhomboédriques ou bien en dodécaèdres bi-pyramidaux à triangles scalènes ou isocèles.

L'argent pur est le plus blanc de tous les métaux ; il est inodore, d'un très beau brillant métallique, moins ductile et moins malléable que l'or ; mais, en revanche, plus dur que lui. Par l'action du marteau, on peut le réduire en feuilles si minces, que le souffle suffit pour les emporter, et qu'elles n'ont que 0,0156 d'épaisseur. On tire ce métal à la filière en fils si minces, qu'un 0,065 gramme donne un fil qui a cent vingt-deux mètres de longueur. Son poids spécifique est de 10,474, et son degré de fusion est le 22° du pyromètre de Wedgewood ; il est susceptible, par refroidissement gradué, de prendre une forme régulière en cristaux prismatiques à quatre angles.

Arsenic.

Ce dangereux métal existe dans la nature sous quatre états : 1°. natif; 2°. à celui d'oxide; 3°. en combinaison avec le soufre, et formant les pyrites arsenicales, le réalgar et l'orpiment; 4°. à celui d'arséniate, et jouant, par conséquent, le rôle d'acide. L'arsenic sert lui-même de minéralisateur à plusieurs autres métaux, tels que le cobalt, etc.; c'est principalement de ces mines qu'on l'extrait.

L'arsenic natif affecte diverses formes; il est en petits amas mamelonnés, en petites baguettes serrées, et plus souvent en petites masses amorphes, etc. Sa nature métallique n'a été reconnue qu'en 1733, par Brandt.

L'arsenic purifié est d'un gris terne, insipide, odorant par le frottement, d'une texture grenue et écailleuse, volatil à + 180° sans se fondre. Un des caractères propres à ce métal, c'est, quand on le projette sur des charbons ardens, ou sur une plaque de fer rouge, de répandre une fumée blanche avec une odeur d'ail très prononcée. L'orpiment et le réalgar sont deux mines d'arsenic qui résultent, comme nous l'avons déjà dit, de l'union de ce métal avec le soufre : le premier a l'aspect et la couleur de l'or; le second est de couleur rouge plus ou moins variée. Ces minerais, de même que l'arsenic et ses combinaisons diverses, sont de violens poisons.

Le bismuth.

Le bismuth, ou *étain de glace*, est pesant, très cassant, d'un blanc rougeâtre sombre, non malléable, facile à pulvériser, d'une texture à grandes lames, cristallisant en cubes ou en octaèdres, non volatil dans les vaisseaux clos, fusible à + 247°, et donnant, par le refroidissement gradué, et en perçant la croûte qui se forme à la surface du creuset, de belles géodes tapissées de cristaux.

Les mines de bismuth se trouvent dans la Saxe, dans la Bohême, dans la Suède, etc. Ce métal existe dans quelques unes à l'état natif; cependant on ne le trouve guère que dans les autres mines métalliques, surtout dans celles de cobalt, et quelques unes de cuivre et d'étain. Le bismuth natif, qu'on regarde comme pur, est le plus souvent minéralisé par l'arsenic; celui qui est sans aucune combinaison métallique est très rare; tandis qu'on le trouve beaucoup plus souvent à l'état d'oxide, à celui de sulfure, ou combiné avec d'autres métaux.

La plus grande partie de celui qu'on trouve dans le commerce se retire des mines de cobalt.

Cadmium.

MM. Aromeyer et Hermann découvrirent, en 1818, ce métal dans la mine de zinc, à laquelle on donne le nom de *blende* et de *calamine*. On croit que dans la première il est à l'état de sulfure, et dans l'autre à celui d'oxide.

Ce métal, à l'état de pureté, est inodore, insipide, très brillant, susceptible de prendre un beau poli, assez mou pour se laisser couper par le couteau, tachant les corps contre lesquels on le frotte ; il est fusible et volatil ; et, lorsqu'il a été fondu, il donne, par un refroidissement gradué, une espèce de cristallisation confuse qui se rapproche de la forme des fougères.

Cérium.

Ce métal est la première découverte qu'ait faite M. Berzélius : elle date de 1804, et lui est commune avec M. Hisinger. Ce métal n'a encore été trouvé qu'à l'état d'oxide et à celui de sel uni à l'acide phthorique. Malgré tous les travaux qu'on a entrepris pour l'obtenir en masse, on n'a pu encore se le procurer qu'en globules blancs, lamelleux, très cassans et presque infusibles.

Chrôme.

La découverte de ce métal est due au célèbre Vauquelin : elle date de 1797. Le chrôme n'existe dans la nature que sous deux états : 1°. à celui d'oxide sablonneux ; 2°. à celui de chromate. Lorsqu'il est réduit à l'état de pureté on le reconnaît aux caractères suivans : solide, cassant, couleur d'un blanc grisâtre, tantôt en masses poreuses ou bien en grains agglutinés et parsemés d'aiguilles, presque infusible, inattaquable par les acides. Nous examinerons ses oxides et ses sels.

Colombium.

Ce métal porte aussi le nom de *tantalium*; il a été découvert, en 1801, par M. Hatchette; il est très rare et ne se trouve qu'à l'état d'acide combiné avec les oxides de fer, de manganèse et d'yttrium. Lorsqu'il a été réduit, il est d'un gris foncé, raye le verre et est infusible à la plus haute température.

Cobalt.

En 1693, lorsque Brandt fit connaître la nature métallique de l'arsenic, il démontra aussi celle du cobalt, quoique le minerai fût connu cependant dans le quinzième siècle. Ce métal existe dans la nature en deux états. 1°. à celui d'oxide; 2°. à celui de sel, c'est-à-dire en arséniate et en sulfate.

Le cobalt, à l'état de pureté, est d'un blanc rose, dur, cassant, non volatil, attirable à l'aimant, moins cependant que le fer, fusible à 130° du pyromètre de Wedgewood. Les mines de cobalt offrent presque toutes, à leur surface, une efflorescence d'une légère couleur *lie de vin*. La plupart ressemblent, dans leur cassure, à certaines mines d'antimoine. Elles contiennent ordinairement une très grande quantité d'arsenic, et c'est de ce minéral qu'on extrait presque tout celui qui est dans le commerce. Il y a des mines de cobalt très compactes, très dures, et il y en a de fort tendres et d'autres qui affectent une forme cristalline :

les naturalistes en comptent plusieurs espèces.

Les principales mines de cobalt existent en Saxe, à Scheneberg, à Joham-Georgon-Stac, à Amalberg, etc. Ces mines sont d'un grand revenu pour la Saxe, par rapport au bleu qu'on en tire pour peindre sur la porcelaine et la faïence. On a découvert aussi une mine de cobalt dans les Pyrénées, sur les frontières d'Espagne; il est à désirer qu'elle soit exploitée.

Cuivre.

Le cuivre, connu des alchimistes sous le nom de Vénus, se trouve en France dans les Pyrénées, à Saint-Bel, près de Lyon; ainsi qu'en Angleterre, en Espagne, en Hongrie, en Saxe, en Suède, en Sibérie, etc. Ce métal est très brillant; il a une couleur rougeâtre, une saveur *sui generis* qui est très désagréable; il est odorant par le frottement; c'est le plus sonore des métaux et le plus tenace après le fer. Il se fond à 27° du pyromètre de Wedgewood, et prend, par un refroidissement gradué, une forme cristalline. Exposé au contact de l'air humide, il perd son éclat et il se forme à sa surface une rouille verte, connue sous le nom de *vert-de-gris*, qui est un sous-carbonate de cuivre.

Chauffé à l'air, de manière à le faire rougir, et plongé de suite dans l'eau, le cuivre s'oxide à sa surface, forme des écailles brunes qui se détachent facilement sous le choc du marteau : on nomme ces feuilles *batitures de cuivre*. Cet

oxide contient un quart de son poids d'oxigène : il peut être vitrifié en rouge brillant.
C'est avec cet oxide que l'on fait la belle vitrification rouge, appelée purpurine. Le cuivre
ne s'unit aux terres qu'à l'état d'oxide, et
dans l'opération de la vitrification. Il donne
aux différens verres, émaux, aux couvertes
de terres blanches de porcelaine, une couleur
verte, plus ou moins belle, selon l'espèce
d'oxide et le degré de feu employé.

Cuivre de cimentation. Si, dans une forte
dissolution de sulfate de cuivre (couperose
bleue), on plonge des lames de fer décapées,
elles se couvrent bientôt d'une couche rougeâtre et brillante, qui n'est autre chose que le
cuivre régénéré par le fer, lequel a plus d'at-
traction pour l'acide sulfurique contenu dans
la couperose employée. On obtient également
par ce cuivre la vitrification purpurine.

Étain.

L'étain, désigné par les alchimistes sous le
nom de *Jupiter*, est un métal dont la couleur
approche beaucoup de celle de l'argent ; il est
plus malléable que ductile, fusible à + 210° ;
il n'exerce aucune action, à la température
ordinaire, ni sur l'air, ni sur le gaz oxigène,
ce qui le rend précieux pour les ustensiles de
ménage. Un caractère qui n'appartient qu'à ce
métal, c'est, lorsqu'on le plie, de faire en-
tendre un son qu'on appelle *cri de l'étain.*

Ce métal n'existe dans la nature qu'à l'état

d'oxide ou de sulfure. Il est quelquefois uni à d'autres métaux, tels que l'argent, etc.

Les mines d'étain sont rares. On n'en trouve presque point en France : cependant il y a tout lieu de croire que si l'on faisait des recherches, on en rencontrerait dans les environs d'Alençon. Cette conjecture est fondée sur ce qu'on trouve dans les carrières de ce canton une espèce de cristal de roche qui paraît coloré par de l'étain. Nous présumons qu'il en serait de même dans la Grande-Bretagne.

Les mines d'étain se trouvent ordinairement dans les endroits sablonneux, en Allemagne, en Bohême, en Saxe, en Pologne, en Suède, à Siam, à Malaca, en Angleterre, dans le Cornouailles, dans une localité à laquelle on a donné le nom d'*Isle d'Étain*.

La plupart des mines de ce métal offrent souvent des cristallisations tantôt en cubes, et tantôt en aiguilles prismatiques, dont les extrémités offrent plusieurs facettes. Il y a des mines d'étain blanches, jaunes, brunes, vertes, etc., suivant l'état d'oxidation du métal, la quantité de soufre des sulfures ou le métal étranger auquel il est allié.

Fer.

Le fer est connu de temps immémorial sous le nom de *Mars*, sans doute parce qu'il était employé à fabriquer les armes du terrible dieu de la guerre. Les usages de ce métal sont si multipliés, et son utilité est telle, tant pour les arts que pour les divers besoins de la vie, qu'aux yeux du sage le fer passera toujours pour le plus utile et le premier des métaux. Aussi la nature, toujours bienfaisante, a-t-elle disséminé les mines de fer sur presque tous les points du globe et sous quatre états : 1°. natif ; 2°. à celui d'oxide ; 3°. en combinaison saline, 4°. uni à quelque combustible, surtout au soufre ou au carbone.

Le fer natif n'est pas commun ; il existe cependant en Saxe, mais uni à de l'oxide de ce métal, etc. On en trouve aussi près de Grenoble, sous forme de stalactites rameuses, etc. On en a rencontré aussi sous forme de grains, et en cubes. Le fer natif est toujours moins ductile que celui qui a été purifié ; mais il l'est beaucoup plus que le fer de fonte, et s'aplatit sous le marteau. A l'état d'oxide, il existe sous trois degrés d'oxidation, et constitue alors le *fer oligiste*, le *fer spéculaire*, le *fer magnétique*, le *fer écailleux*, le *fer argileux*, etc. Ce sont ces mines que l'on exploite principalement pour en extraire le fer.

En combinaison avec le soufre, le fer constitue le minéral connu sous le nom de *pyrites martiales*. Ces pyrites sont d'une couleur jaune dorée ; elles sont cristallisées en cubes, en dodécaèdres, pentagones, en octaèdres et ses divers composés, etc. Elles font feu au briquet, et servent à la fabrication du sulfate de fer (couperose verte).

Le fer, uni au carbone, constitue l'acier on

la plombagine, suivant les proportions du carbone. Ainsi, l'acier ne contient que de quatre à huit pour cent de carbone, tandis que la plombagine n'offre que neuf centièmes de fer sur quarante et un de ce combustible.

La plombagine est connue aussi sous le nom de *graphite*, ou carbure de fer. Elle se sous-divise en *graphite* écailleux et *graphite compacte*. La plombagine est d'un gris d'acier, tirant au noir; elle a l'éclat métallique et raye le papier en noir plus aisément que le plomb. Le graphite compacte est un peu plus noir.

Les mines de fer s'annoncent par une efflorescence jaunâtre à leur surface. Suivant la nature du minerai, elles sont cristallisées en cubes, en octaèdres, en prismes, en espèces de lentilles, etc. On en trouve de blanches qui contiennent beaucoup de fer. Les mines d'aimant sont aussi des mines de fer, dans lesquelles le métal existe à l'état de deutoxide : c'est le fer oxidulé de Haüy, connu aussi des minéralogistes sous le nom de fer magnétique. Les pierres *hématites rouges et brunes* sont un peroxide de fer : la rouge paraît formée de

Fer..... 66,00
Oxigène.. 28,50
Silice 4,25
Alumine.. 1,25

tandis que l'hématite brune est un hydrate de fer qui est composé de

Peroxide de fer. 86
Eau............. 20

L'hématite rouge est employée comme crayon; elle est plus ou moins dure : la brune n'acquiert la couleur rouge que par la calcination.

Le fer, réduit à l'état de pureté, est d'un blanc bleuâtre tirant sur le gris; il est très dur, odorant par le frottement; sa cassure est à gros grains et un peu lamelleuse; il est très ductile et s'étend beaucoup sous le marteau; à la filière, on le tire en fil aussi fin que les cheveux : le fer est très attirable à l'aimant et se trouve lui-même dans la nature à l'état de véritable aimant; c'est alors le fer magnétique. Le fer ordinaire peut être converti en aimant, soit en le plaçant dans une position verticale sous un angle de 70°, soit par la percussion, soit par des décharges électriques, soit enfin en le frottant pendant quelque temps, et dans le même sens, avec un aimant naturel ou artificiel.

Iridium.

La découverte de ce métal date de 1803; elle fut faite par M. Descotils dans la mine de platine. L'iridium est très rare; il a l'aspect du platine; il résiste au feu le plus violent, et à l'action de l'air, de l'eau, des acides, etc.

Manganèse.

Le manganèse a été découvert par MM. Schéele et Gahn, en 1774. Il a une si grande affinité pour l'oxigène, qu'on ne l'a encore trouvé dans la nature qu'à l'état d'oxide; car il est permis de douter qu'il existe dans la mine de *sem*, des Pyrénées, à l'état natif. Ce métal réduit est très dur, très cassant, grenu, et d'une couleur qui se rapproche de celle de fer.

Mercure.

C'est un des métaux les plus anciennement connus. Il diffère de tous les autres en ce qu'il est le seul qui soit fluide; il ne perd même cette fluidité qu'à une température de quarante degrés au-dessous de zéro. Quoique liquide, le mercure ne mouille point comme l'eau. Ce métal a le brillant de l'argent; il est très pesant; il se laisse diviser avec une extrême facilité, et ses globules affectent toujours une forme sphérique, lorsqu'il n'est pas placé parmi quelques métaux avec lesquels il est susceptible de s'amalgamer.

Le mercure se trouve dans la nature sous quatre états : 1°. natif; 2°. uni à l'argent; 3°. au chlore; 4°. au soufre : cette combinaison est la plus commune.

A l'état natif, il existe dans toutes les mines de mercure, principalement dans celles de sulfure, mais cependant jamais en grande quantité.

Uni à l'argent, il constitue la mine de mercure argentifère, qui est ordinairement en do-décaèdres rhomboïdaux.

Avec le chlore, il forme le mercure muriaté, ou *calomel*, qui est mamelonné ou fibreux, et quelquefois en petits cristaux pyramidés, etc.

Avec le soufre, il est à l'état de sulfure : ce sont les mines de *cinabre naturel* dont on connaît plusieurs espèces, suivant les porportions de mercure et de soufre, ainsi que les substances étrangères qu'elles contiennent.

Molybdène.

Le molybdène n'est connu que depuis 1782, époque à laquelle Hielm en fit la découverte. Ce n'est qu'à l'état de molybdate ou de sulfure qu'on le trouve dans la nature. Ce métal est très difficile à réduire. A l'état de pureté, il est en petits grains agglomérés d'un blanc grisâtre, cassant et presque infusible.

Nickel.

Cronstedt découvrit ce métal en 1775. Il se présente sous divers états dans la nature ; à l'état natif il est très rare ; le plus souvent il est à celui d'arséniure uni au cobalt, ainsi qu'à celui d'oxide et d'arséniate.

Le nickel est blanc, très ductile et malléable. Il attire l'aiguille aimantée, propriété qu'il partage avec le fer et le cobalt ; mais il perd cette propriété dès qu'il entre en combinaison, tandis que le fer ne la perd qu'en passant au troisième degré d'oxidation.

Or.

Le peu d'affinité qu'a l'or pour l'oxigène est cause qu'on ne le trouve qu'à l'état natif ou allié avec d'autres métaux tels que l'argent, le cuivre, le fer, le platine, etc. Il existe aussi dans les dépôts métallifères de divers minerais. Ses mines principales sont en Amérique, au Pérou, en Asie, au Japon, en Afrique, dans la Guinée, à la contrée qu'on nomme *Côte-d'Or*. L'Europe offre aussi quelques mines d'or. On en trouve en Suède, en Norwége, en Hongrie, et même il paraît en exister en France. Plusieurs fleuves et rivières charrient des paillettes d'or; de ce nombre, sont : le Rhin, le Rhône, l'Arriége, la Garonne, le Gardon, etc. Dans les mines d'or, ce métal est cristallisé en petits cubes, en octaèdres, etc., ou bien il est sous forme dendritique, en fils, en lames, etc.

A l'état de pureté, l'or est de couleur jaune, très brillant, inodore et insipide, le plus malléable et le plus ductile des métaux; il est susceptible d'être réduit en feuilles si minces qu'on a calculé que leur épaisseur n'équivalait qu'à 0,000,09 m. La divisibilité que peut acquérir ce métal est telle, qu'un cylindre d'argent doré, avec une once d'or, peut donner un fil de cent onze lieues de longueur. Ce fil, aplati au laminoir, et divisé en deux dans toute sa longueur, offrira deux surfaces dorées d'un quart de ligne de largeur, ce qui fera quatre fois la longueur première ou bien une surface totale de quatre cent quarante lieues de longueur. On prépare, avec l'or, un précipité, ou mieux, un oxide connu sous le nom de *pourpre* de *Cassius*, dont nous aurons occasion d'indiquer la préparation.

Pelletier a fait un très beau travail, pour trouver le moyen d'avoir toujours ce précipité d'une même couleur. Ce procédé consiste à n'employer qu'une dissolution d'étain peu oxigénée. Les terres s'unissent, par la vitrification, à l'oxide d'or, qui les colore en pourpre ou en jaune de topaze, suivant l'oxigénation de l'or et le degré de température employé. L'or en coquille est du précipité d'or pourpre délayé avec un mucilage.

Osmium.

M. Tennant découvrit ce métal en 1803, dans la mine de platine, dans laquelle il se trouve en petits grains, très durs, cassans et brillans, insoluble dans tous les acides. Très rare et encore peu étudié.

Palladium.

C'est encore dans la mine de platine que ce métal a été trouvé, en 1803, par Wollaston. Comme le précédent, il est très rare. Dans son état de pureté, il est blanc, dur; cassure fibreuse, malléable et infusible au feu de forge.

Platine.

Le platine fut découvert vers le milieu du dix-huitième siècle par M. Ulloa : cette découverte a été revendiquée par M. Wood. Ce métal n'a encore été rencontré que dans l'Amérique espagnole, à Choco, au Brésil, au

Pérou, dans les environs de Carthagène, dans la Nouvelle-Grenade, dans le ravin d'Iro, en Espagne dans des minerais argentifères de Gandalcanal, à Antioquia dans la Colombie, en Russie dans les *monts Ourals*, etc.

Le platine est connu au Pérou sous le nom de *platina del Pinto*, en français, petit argent de *Pinto*; en Espagne on l'a nommé aussi *platina*, diminutif du mot *plata* qui signifie argent, etc. Ce minerai, tel qu'il est porté en Europe, est en gros grains semblables à la grosse limaille de fer non rouillée; ils sont lisses et polis, compactes, très durs et plus pesans que l'or.

Les gissemens du platine sont les mêmes que ceux des diamans; quelquefois même ils existent ensemble. Ce métal n'a encore été trouvé qu'à l'état d'alliage avec l'iridium, l'osmium, le palladium et probablement le rhodium. M. Vauquelin l'a rencontré aussi dans des minerais argentifères d'Espagne, et M. Boussingault dans des mines aurifères de Colombie et des monts Ourals. La quantité d'or qu'on a extraite de cette dernière localité est presque égale à celle que produisaient les mines du Brésil lorsqu'elles étaient à leur maximum de richesse. *Voyez* MM. D. et Julia-Fontenelle, deuxième édition du *Manuel de Minéralogie*. Le platine, à l'état de pureté, a presque l'éclat et la couleur de l'argent: il est très ductible et très malléable, il est très tenace, inodore, même par le frottement; assez mou pour se laisser entamer par l'ongle; il se laisse tirer en fils très déliés; il est inattaquable par les acides; c'est en un mot le métal qui a le moins d'affinité pour l'oxigène, et celui qui est le plus pesant. En effet, son poids spécifique est de 20,58, et, forgé, de 21,53, tandis que celui de l'or est de 19,257. Le platine pur peut être travaillé comme l'or et l'argent, et servir aux mêmes usages, principalement pour fabriquer des instrumens propres à résister à l'action des acides et du feu, tels que des capsules, des creusets, des chaudières, etc. : par ses alliages, surtout avec l'osmium, le rhodium, etc., il acquiert beaucoup de dureté; son infusibilité est telle qu'il ne peut être fondu que par le chalumeau à gaz oxigène et hydrogène.

Le phosphore se combine avec le platine; il suffit pour cela de chauffer fortement et pendant une heure, dans un creuset, un mélange de parties égales de platine et de verre phosphorique avec un huitième de charbon. Le culot obtenu est d'un blanc argenté, offrant dans sa partie inférieure des cristaux cubiques. Cette combinaison est cassante, et assez dure pour faire feu au briquet; unie à du muriate suroxigéné de potasse (chlorate) et projetée dans un creuset chauffé au rouge, elle produit une vive détonation, et le mercure est réduit; il en est de même avec le nitrate de potasse.

On n'a pas encore étudié tous les alliages que le platine est susceptible de contracter;

les plus connus sont ceux avec l'osmium, le rhodium, le palladium, le bismuth, l'antimoine, l'argent, l'or, le cuivre, le plomb et le zinc.

Le nitrate de potasse fortement chauffé dans un creuset avec le platine, le convertit en oxide, comme nous le dirons ailleurs.

Le platine réduit en feuilles très minces s'applique aussi sur la porcelaine, comme nous le ferons connaître.

Plomb.

Le plomb ou *Saturne* des alchimistes est un des métaux les plus anciennement connus; il existe dans la nature sous quatre états : 1°. natif; 2°. à celui d'oxide; 3°. à celui de sulfure; 4°. à celui de sel.

Ce métal, à l'état de pureté, est d'un blanc bleuâtre, mou, ductile et malléable, d'une odeur et d'une saveur sensibles, laissant des traces sur le papier, et fusible à 260°.

Exposé à l'action de l'air, et à la température ordinaire, sa surface se couvre peu à peu d'une poudre grise; dans l'eau cet oxide se forme avec une couleur plus blanche.

Le plomb natif est assez rare; on ne l'a encore trouvé que dans quelques laves, dans quelques morceaux de sulfure provenant la plupart de localités connues; il est en rameaux ou en grains gros comme des pois. Le plomb est plus ordinairement minéralisé par le soufre, et constitue ainsi les minerais connus sous le nom d'*alquifoux* et de *galène* qui sont des proto-sulfures. Ces mines se trouvent dans les quatre parties du monde. Il y en a beaucoup en France.

L'*alquifoux* existe en masses considérables dans les terrains primitifs, de transition, ou secondaires, ou bien en filons. Les principales mines exploitées sont en France, en Angleterre, en Savoie, en Carinthie, etc. Ce minerai est d'un gris tirant sur le noir; il a un éclat métallique supérieur à celui du plomb; il est très aigre et facile à pulvériser; il est composé de

$$
\begin{array}{ll}
\text{Plomb...} & 87 \\
\text{Soufre...} & 13 \\
\hline
& 100
\end{array}
$$

Les mines de plomb sont souvent unies aussi à d'autres métaux tels que l'argent, l'or, le cuivre; il est rare même de trouver des mines de plomb qui ne contiennent pas d'autres métaux.

Les oxides de plomb sont très employés dans les arts; nous y consacrerons un article particulier.

Rhodium.

Ce métal fut découvert en 1804, par le docteur Wollaston, dans les mines de platine, à l'état de combinaison avec ce dernier. Le rhodium est d'un blanc grisâtre, cassant, inaltérable à l'air, infusible et inattaquable par les acides.

Tellure.

Sa découverte date de 1782; elle est due à M. Mullen de Reichenstein. Ce n'est qu'à l'état d'alliage avec d'autres métaux tels que l'argent, l'or, le bismuth, le fer, le plomb, etc., qu'on l'a rencontré. A l'état de pureté, ce métal est d'un blanc bleuâtre, brillant, facile à pulvériser, d'une structure lamelleuse, encore plus fusible que le plomb, si volatil qu'il passe à la distillation; lorsqu'il a été fondu, si on le laisse refroidir graduellement, il présente des aiguilles à sa surface.

Titane.

Ce fut dans un minerai sablonneux que M. Grégor découvrit le titane à l'état d'oxide; depuis on ne l'a point encore rencontré sous aucun autre. Ce métal pur est sous forme de pellicules friables, d'un rouge plus foncé que celui du cuivre; il est infusible et inattaquable par les acides : uni à l'oxigène il produit un oxide bleu.

Tungstène.

La découverte en est due aux frères d'Elhuyart; on ne l'a encore rencontré qu'à l'état de tungstates de chaux ou de fer. Ce métal réduit est très dur, couleur de feu, cassant, infusible, et presque inattaquable par les acides. Uni à l'oxigène il forme lui-même un acide connu sous le nom d'acide tungstique.

Urane.

Métal découvert en 1789, dans le Pech-Blende, par Klaproth.

L'urane est très brillant, cassant, d'un gris foncé, se laissant entamer par la lime et le couteau. Ce métal se ramollit à peine par le feu de forge le mieux soutenu. Chauffé avec le contact de l'air, l'urane s'embrase et se transforme en oxide noir. On le trouve rarement, et ce n'est qu'à l'état de phosphate ou de protoxide.

Zinc.

Sa découverte date du seizième siècle; ses états naturels sont ceux d'oxide, de sulfure et de sel. Extrait de ces minerais et réduit à l'état de pureté, le zinc est d'un blanc bleuâtre, dur, empâtant la lime, passant mieux à la filière qu'au laminoir, d'une structure lamelleuse. Quand on le chauffe sans le contact de l'air, il entre en fusion, et finit par se volatiliser entièrement. Si l'on continue de le chauffer, mais avec le contact de l'air, il en absorbe l'oxigène avec énergie, s'oxide et produit une belle flamme d'un bleu verdâtre, avec une vive lumière.

Un des caractères particuliers du zinc, c'est la propriété dont il jouit, de développer du fluide électrique lorsqu'on le met en contact avec le cuivre, aussi est-il un des métaux qui forment la pile galvanique; presque toujours il en est le pôle positif.

Dans cette énumération rapide des métaux nous nous sommes attaché à les présenter tous, même ceux dont l'existence n'est qu'hypothétique , afin de rendre notre ouvrage plus complet. On a dû s'apercevoir aussi que nous sommes passé très rapidement sur ceux qui n'étaient encore d'aucune utilité.

CHAPITRE III.

MINÉRALISATEURS DES MÉTAUX.

Nous avons déjà dit qu'on trouvait rarement les métaux à l'état natif; on est convenu de donner le nom de minéralisateurs aux corps auxquels ils sont unis dans les minerais. Ainsi les métaux peuvent être minéralisés par :

Les Acides. Les métaux sont alors à l'état de sels dont ils sont pour l'ordinaire la base salifiable; car il y a des métaux, tels que le chrôme, le molybdène , le tunsgtène et l'arsenic, qui sont eux-mêmes convertis en acides, et forment des sels en minéralisant des oxides métalliques. Les principes qui sont le plus ordinairement principes minéralisateurs sont , outre les suivans , les acides

borique,	hydro-chlorique ,
carbonique,	nitrique
fluorique ,	phosphorique.
hydro-sulfurique,	sulfurique , etc.

Le Carbone. C'est sous ce nom que les chimistes désignent la base des charbons qui forme la charpente végétale. Cette substance est un mauvais conducteur du calorique, à volumes égaux avec l'oxigène, elle se réduit en un volume de gaz acide carbonique. Le diamant est aussi considéré comme du carbone pur. Le carbone, en s'unissant à quelque substance métallique, constitue une série de corps connus sous le nom de carbures. De ce nombre sont l'acier et la plombagine.

Eau. L'eau est non seulement une des parties constituantes de tous les sels, mais elle existe encore dans la nature à l'état de combinaison avec quelques oxides métalliques qu'on désigne par le nom d'oxides hydratés, et que M. Julia-Fontenelle a nommés *hidroxides*. L'eau est composée en poids de

Oxigène... 88,90
Hydrogène. 11,10

Chlore. Corps simple qu'on avait d'abord désigné sous le nom d'acide muriatique oxigéné, acide marin déphlogistiqué; il fut découvert par Schéele, en 1774; il est sous forme gazeuse, d'une couleur jaune verdâtre, d'une saveur et d'une odeur très forte et particulière; il éteint les corps en combustion et détruit les couleurs végétales, même celle de l'indigo; il est susceptible de s'unir avec tous les métaux, et de former une classe de corps connus sous le nom de chlorures, parmi lesquels on trouve dans la nature les chlorures d'argent ou lune d'argent, argent corné, le proto-chlorure de mercure ou calomel, le chlorure de sodium ou sel gemme, et le chlorure de potassium. Tout le monde connaît les avantages immenses qu'offrent aux arts et à la médecine le chlore et les chlorures de chaux et de soude, tant pour le blanchiment que comme désinfectans.

L'Hydrogène ou *air inflammable* est un gaz qui, à l'état de pureté, est insipide et inodore; il est quinze fois plus léger que l'air; il est très inflammable, et brûle avec une flamme d'un bleu violet et en répandant beaucoup de chaleur. Si on l'enflamme, par l'approche d'un corps enflammé ou par l'étincelle électrique, et qu'il soit mêlé avec de l'air ou du gaz oxigène, il se produit une vive détonation.

L'hydrogène, comme minéralisateur, est uni au carbone, et alors il constitue le gaz hydrogène carboné qui se dégage des eaux stagnantes, des mines de houille, etc.; uni au soufre, il produit le gaz hydrogène sulfuré ou acide hydro-sulfurique qui existe dans les eaux minérales; avec le chlore, il produit l'acide hydro-chlorique ou acide muriatique qu'on trouve uni à la soude, à la chaux, etc.; au phosphore, il donne lieu au gaz hydrogène phosphoré qui se dégage des cimetières et qui s'enflamme par le contact de l'air; avec l'azote il produit l'ammoniaque que l'on trouve à l'état de sel dans le voisinage des volcans, etc.

A la rigueur on pourrait regarder aussi

l'azote comme un minéralisateur, puisque c'est ce gaz qui, avec l'oxigène, constitue l'acide nitrique; mais nous devons le dire, il est plusieurs minéralisateurs, tels que l'hydrogène, etc., qui ne doivent être considérés que comme secondaires.

Métaux. Les substances métalliques sont presque toujours unies entre elles dans les minerais; nous ne reviendrons point sur leur description, nous y renvoyons les lecteurs.

Les Oxides. Il est un grand nombre d'oxides qui servent de minéralisateurs les uns aux autres. Ainsi, la chaux constitue les pierres calcaires; la magnésie, les pierres magnésiennes, etc. Mais il en est deux surtout qui doivent plus particulièrement fixer notre attention : ce sont l'*alumine* et la *silice*.

1°. L'alumine constitue les terres argileuses et une classe de minéraux avec lesquels elle forme une espèce de combinaison saline dans laquelle elle paraît agir comme acide; ce sont ces corps que M. Julia-Fontenelle a nommés *aluminoxides*, et parmi lesquels on trouve une foule de pierres précieuses, telles que le corindon, le saphir, le chrysoberil, le rubis spinelle, etc.

2°. La silice, qui constitue les grès, les silex et les cristaux de roche, et qui s'unit avec les oxides en jouant également le rôle d'acide et formant des silicates, parmi lesquels on compte la cérite, l'émeraudine, la gadolinite, l'écume de mer, la pimelite, les serpentines, la stéatite, le talc, l'amphibole, la trémolite, l'amianthe, la coccolite, l'œil de poisson, etc.

La silice et l'alumine se trouvent également ensemble, et constituent une classe de pierres particulières, parmi lesquelles on distingue les diverses argiles, l'analcine, l'axinite, la chabasie, l'émeraude, l'épidote, l'euclase, le feldspath, le grenat, l'héliotrope, le lapis-lazuli, le mica, la tourmaline, etc.

L'Oxigène. Ce gaz fut entrevu, en 1774, par Bayen, et découvert, la même année, par Priestley, qui lui donna le nom d'*air déphlogistiqué.* Ce gaz est incolore, inodore et insipide ; il est un peu plus pesant que l'air; il devient lumineux et s'échauffe quand on lui fait subir une forte pression : il est le seul gaz propre à la respiration et à la combustion, quoique cependant quelques corps soient susceptibles de brûler dans le chlore, etc. Avec l'azote, et à l'état de simple mélange, il constitue l'air atmosphérique. Ses constituans sont 0,79 d'azote sur 0,21 d'oxigène; avec l'hydrogène, dans les proportions de 11,10 en poids de celui-ci sur 88,90 de gaz oxigène, ou bien d'un volume de ce dernier sur deux de gaz hydrogène, il forme de l'eau.

L'oxigène est susceptible de s'unir à tous les métaux, et de les convertir ainsi en oxides métalliques, qu'on appelait jadis *rouille* ou *chaux métallique,* et que l'on supposait être des métaux qui avaient perdu leur phlogistique. L'illustre Lavoisier démontra cette erreur en faisant connaître que les métaux, au lieu de perdre le corps dit phlogistique, s'unissaient au contraire à un autre, qui était l'oxigène; et que, par cette union, ils acquéraient une augmentation de poids qui, pour certains, allait au-delà de vingt pour cent; enfin, qu'il suffisait d'enlever l'oxigène aux prétendus métaux déphlogistiqués pour les faire repasser à l'état métallique. Depuis, ces données de Lavoisier ont été si bien confirmées par l'expérience, que la théorie du phlogistique n'est admise que par ceux qui, depuis plus de quarante ans, ne sont plus au courant des progrès de la chimie. D'après ces faits, l'oxigène, par son union avec les métaux, en en convertissant quelques uns en acides, et tous les autres en oxides, doit être considéré comme principe minéralisateur des substances métalliques.

Le *Phtore* ou *Fluor* est regardé comme le radical de l'acide phtorique ou fluorique. On n'a pu encore l'isoler, et bien des auteurs regardent l'union de ce corps avec les bases comme des phtorures, tandis que quelques autres les regardent comme des fluates. Parmi les phtorures naturels, on compte celui de calcium ou spath-fluor, fluate de chaux; celui de cerium; celui de sodium et d'aluminium ou cryolite; le sili-phtorure d'aluminium ou la topaze, la physalite, la schorlite, etc.

Le *Phosphore* fut découvert d'abord par Brandt, qui en fit un secret, et bientôt après, en 1674, par Kunkel, dans l'urine. Le phos-

phore est un corps simple; il est solide, demi-
transparent et d'une consistance égale à celle
de la cire; il a une odeur alliacée, est lumineux
dans l'obscurité, fusible à 43°; il se distille
à 200. Quand le phosphore est fondu, s'il se
trouve en contact avec l'air ou le gaz oxigène,
il s'enflamme aussitôt avec une vive lumière et
une grande chaleur. En s'unissant à l'oxigène,
il est susceptible de former quatre acides; cependant, ce n'est qu'à l'état de saturation ou
bien d'acide phosphorique qu'on le trouve dans
la nature comme minéralisateur des bases.
Dans cet état salin, il forme, avec la chaux,
l'*apatite*, la *phosphorite commune* et la *terreuse*; avec la magnésie, la *wagnerite*; avec le
plomb, un phosphate de ce nom; avec l'alumine, la *wavellite*, ou *hydrargilite* de Davy;
avec le fer, la *vivianite*; avec l'urane, l'*uranite*;
avec l'alumine et la magnésie, la *klaprothite*;
avec l'alumine et la lithine, l'*amblygonite*, etc.

La *Potasse*. Connue jadis sous le nom d'alcali végétal, d'alcali fixe, se trouve, comme
principe constituant, dans plusieurs pierres;
elle existe aussi dans les cendres de presque
tous les végétaux.

Le *Sélénium*. Corps simple, découvert par
Berzélius, qui l'a classé parmi les métaux. Cependant, cette substance, qui d'ailleurs a beaucoup d'analogie avec le soufre, a été rangée
par les chimistes parmi les combustibles non
métalliques. Le sélénium est insipide, très cassant, se réduisant aisément en poudre, et fu-

sible de 100 à 150° cent. avec les bases métalliques ; il donne lieu à une classe de corps connue sous le nom de *séléniures*, dont on n'a encore trouvé dans la nature que le *séléniure de cuivre* et le *séléniure de cuivre et d'argent* ou *eukaïrte*.

Soufre. Corps simple connu de temps immémorial. Il est solide, d'une belle couleur citrine, très cassant, insipide, odorant par le frottement et développant en même temps l'électricité résineuse ; il brûle avec une flamme bleue et une odeur suffocante. Le soufre se trouve, comme minéralisateur, sous divers états : à celui de pureté, il constitue la classe des sulfures, laquelle comprend, outre les pyrites arsénicales, cuivreuses ou ferrugineuses, la mine d'argent vitreuse, ou sulfure d'argent ; l'antimoine cru, ou antimoine ; le réalgar, ou sulfure rouge d'arsenic ; l'orpiment, ou sulfure jaune d'arsenic ; le cinabre, ou sulfure de mercure ; l'alquifoux ou galène, ou sulfure de plomb ; la blende, ou sulfure de zinc ; l'argent rouge, ou sulfure d'argent et d'antimoine ; la bournonite, ou sulfure d'antimoine, de cuivre et de plomb ; le cobalt gris, ou sulfure d'arsenic et de cobalt ; le mispikel, ou le sulfure d'arsenic et de fer ; la tennantite, ou le sulfure de cuivre et d'arsenic, etc. ; en un mot, le soufre est le plus abondant des principes minéralisateurs.

Le soufre, à l'état d'acide sulfurique, constitue cette classe si étendue des sulfates qui comprend les gypses et une espèce d'albâtre (sulfate de chaux); les couperoses verte, bleue ou blanche, ou sulfates de fer, de cuivre ou de zinc; l'alun, ou sulfate d'alumine, etc.; enfin, à l'état d'acide hydro-sulfurique, il est le principe minéralisateur d'une classe d'eaux minérales connues sous le nom de sulfureuses, etc.

Soude ou *alcali minéral* des anciens : c'est le premier alcali qui a été connu. Il existe dans plusieurs pierres et dans les cendres des végétaux qui croissent dans la mer ou sur les côtes maritimes. Elle existe aussi dans la nature, minéralisant plusieurs acides. Ainsi, avec l'acide carbonique, elle donne lieu au sous-carbonate de soude, connu sous le nom de *natron*, lequel existe en solution dans les eaux de quelques lacs, ou bien en efflorescence à la surface de quelques terres, etc.

CHAPITRE IV.

DES OXIDES MÉTALLIQUES.

CETTE classe de corps est celle dont la connaissance est la plus importante pour le fabricant de porcelaine et de diverses poteries, puisqu'elle embrasse toutes les terres et le plus grand nombre des matières colorantes; aussi allons-nous les étudier avec plus de détail en y faisant une application exacte des découvertes chimiques les plus modernes.

Les oxides métalliques étaient jadis connus sous les noms de *rouille* ou de *chaux* déphlogistiquées, d'après la brillante théorie de Stahl, que les métaux ne passaient à l'état de rouille ou d'oxide par la calcination qu'en perdant leur phlogistique ou matière de feu, et qu'il suffisait de la leur rendre en les chauffant fortement avec du charbon ou un autre corps combustible. Mais cette erreur disparut quand Lavoisier eut démontré 1°. que les corps, en s'oxidant ou se calcinant, comme il disait, loin de laisser dégager aucun principe, s'emparaient au contraire de l'oxigène de l'air, et acquéraient un poids égal à celui de cet oxigène qui était absorbé; 2°. que le charbon chauffé avec les oxides leur enlevait l'oxigène, et se convertissait en acide carbonique, tandis que le métal se trouvait réduit. Les métaux sont susceptibles d'absorber diverses doses d'oxigène et de former ainsi plusieurs oxides, quoiqu'il y en ait cependant qui n'en produisent qu'un seul. Ces états d'oxidation sont désignés par les mots de *proto*, pour le premier degré d'oxigénation; *deuto*, pour le second; *trito* pour le troisième, et *per*, pour le dernier.

D'après ces faits, sanctionnés maintenant par tous les chimistes, les oxides métalliques sont divisés en trois classes : en oxides alcalins, en oxides proprement dits métalliques, et en oxides terreux. Nous allons les examiner successivement.

§. I. OXIDES ALCALINS.

Potasse ou *protoxide de potassium*.

La potasse ou alcali végétal a été considérée comme un alcali jusqu'en 1807, époque à laquelle M. Davy parvint à séparer le métal qui sert de base à cet oxide et qu'il nomma *potassium*. La potasse a reçu le nom de *sel de centaurée*, *sel d'absinthe*, *sel de chardon-bénit*, *sel de tartre*, *sel de fumeterre*, *salin*, *cendres gravelées*, suivant les végétaux d'où on l'a extraite. La potasse, telle qu'on la trouve dans le commerce, est un sous-carbonate. A l'état de pureté elle est blanche, très caustique, très soluble dans l'eau et dans l'alcool; elle verdit la plupart des couleurs bleues végétales, sature les acides, et, par sa réaction sur les huiles, forme des savons solubles et détersifs.

La potasse existe aussi dans le règne minéral; elle est composée de

Potassium ... 100
Oxigène. 19,945

Soude, ou *protoxide de sodium*.

La base de cet oxide a été également découverte par Davy en 1807. Outre que la soude existe dans les plantes marines, telles que la famille des *kali*, des *fucus*, le *tamaris gallica*, etc., on la trouve aussi dans la nature, soit à l'état de sel, soit à l'état natif, mais unie à d'autres oxides, comme dans la *chry-solite du Groënland*, les basaltes et plusieurs produits volcaniques.

La soude du commerce est également à l'état de sous-carbonate. A l'état de pureté elle jouit des mêmes propriétés que la potasse, avec cette différence qu'elle est plus légère que cette dernière, et que ses sels ne sont pas précipités par l'hydro-chlorate de platine. La soude est composée de

> Sodium.... 100
> Oxigène.... 33,995

Barite, ou *protoxide de barium*.

Cet oxide, également connu sous le nom de *terre pesante*, *spath pesant*, fut découvert en 1774 par Schéele. On ne la trouve dans la nature qu'à l'état de sel, et particulièrement à celui de sulfate. La barite pure est en morceaux poreux, d'un blanc grisâtre, très caustique; elle verdit les couleurs bleues végétales, est d'un poids spécifique égal à 4,000, est soluble dans vingt fois son poids d'eau froide, ou dans trois fois son poids d'eau bouillante. Ces solutions, ainsi que celles de ses sels enlèvent l'acide sulfurique à toutes les solutions salines, et y forment un précipité blanc insoluble. La barite est composée de

> Barium..... 100
> Oxigène.... 11,669

Strontiane, ou *protoxide de strontium.*

Le docteur Crawfort découvrit, en 1790, cet oxide; et, quatre ans après, MM. Hope et Klaproth firent connaître sa nature. La strontiane n'a encore été trouvée qu'à l'état de carbonate ou de sulfate. A l'état de pureté elle est d'un blanc grisâtre et très caustique; elle verdit les couleurs bleues végétales; son poids spécifique est le même que celui de la barite; elle est soluble dans quarante parties d'eau froide ou dans vingt d'eau bouillante; elle a pour caractère distinctif de communiquer une couleur rouge à la flamme de l'esprit de vin. Composition :

Strontium... 100
Oxigène 18,273

Chaux, ou *protoxide de calcium.*

La chaux, ou terre calcaire, est connue de temps immémorial comme terre; mais ce n'est que depuis les travaux de Davy sur la potasse, et la soude, qu'elle a été reconnue pour un oxide. La chaux se trouve abondamment répandue dans la nature; à l'état de carbonate, elle constitue les montagnes calcaires, les marbres, une classe d'albâtres, etc.; à celui de sulfate, elle donne lieu aux gypses ou plâtres, aux albâtres gypseux, etc.; à celui de phosphate, elle forme la charpente des os, et des mamelons de montagnes même, particulièrement en Estramadure en Espagne.

La chaux pure s'obtient par la calcination des pierres calcaires ou du marbre, dans des fours appropriés ; elle est d'un blanc sale, d'une saveur âcre et caustique ; elle verdit le sirop de violettes ; elle est inaltérable à l'air sec ; exposée à l'humidité, elle attire l'eau, se gonfle, se délite, blanchit, dégage beaucoup de calorique, et passe à l'état de sous-carbonate, et successivement à celui de carbonate. On peut observer les mêmes faits en versant de petites portions d'eau sur de la chaux vive ; dans ce cas, la quantité de calorique qui se dégage est telle qu'on peut enflammer par ce moyen le soufre, la poudre à canon, etc. La chaux peut solidifier ainsi, sans perdre son état solide, 0,31 d'eau. Un des caractères propres à cet oxide, c'est d'être précipité de ses combinaisons par l'acide oxalique, ou mieux par l'oxalate d'ammoniaque. La chaux est composée de

Calcium ... 100
Oxigène.... 38,1

La chaux, comme la barite, la strontiane, la potasse et la soude, est susceptible de s'unir à une plus forte dose d'oxigène et de constituer un deutoxide de calcium, etc.

Lithine, ou *oxide de lithium*.

La découverte en est due à M. Arfwedson, qui la trouva, en 1818, dans la pétalite et la triphane. La lithine est blanche, inodore, très caustique, verdit le sirop de violettes, attire l'humidité de l'air, et est plus soluble dans l'eau que la barite; elle a pour caractère principal d'attaquer le platine lorsqu'on la calcine dans un vase de ce métal. Composition :

Lithium.... 100
Oxigène.... 78,25

§. II. OXIDES MÉTALLIQUES.

Dans l'examen de ces oxides, nous suivrons l'ordre alphabétique, en passant rapidement sur ceux qui n'ont point reçu encore aucune application à l'art du porcelainier ou du faïencier.

Oxides d'antimoine.

L'antimoine est susceptible de s'unir à l'oxigène sous trois proportions diverses, et de former trois oxides :

1°. Le protoxide; il est d'un blanc sale, et fusible, en un liquide jaunâtre qui exhale des vapeurs épaisses.

2°. Le deutoxide, qui est blanc, fusible à une chaleur rouge, et cristallisant par le refroidissement.

3°. Le peroxide, que quelques chimistes regardent comme un acide, est jaune et passe à l'état de deutoxide par l'action du calorique. Composition :

	Protoxide.	Deutoxide.	Peroxide.
Antimoine...	100	100	100
Oxigène.....	18,5	26,07	30,99

Oxide d'argent.

La couleur de cet oxide est d'un vert d'olive foncé; il n'a ni saveur ni odeur; il est insoluble dans l'eau et se réduit par la chaleur. On l'obtient en précipitant le nitrate d'argent par un alcali. Composition :

Argent.... 100
Oxigène... 7,6

Oxides d'arsenic.

On connaît deux oxides d'arsenic : 1°. le protoxide, qui est noir, insoluble dans l'eau, et se convertit en deutoxide, au-dessous de la chaleur rouge; 2°. le deutoxide, que divers chimistes ont nommé acide arsénieux; il est couvert d'une croûte blanche, transparent à l'intérieur comme les plus beaux cristaux. Il est incolore, et a quelquefois une nuance dorée avec des filets rougeâtres; il est inodore, mais il a une saveur très âcre et est soluble dans quinze parties d'eau bouillante ou quatre cents de froide.

Ces deux oxides répandent une fumée blanche et une odeur d'ail très forte, quand on les projette sur des charbons ardens : ils sont composés de

	Protoxide.	Deutoxide.
Arsenic.....	100	100
Oxigène	8,07	33,28

Vert de Schéele.

Le deutoxide d'arsenic est employé dans les arts pour préparer la couleur connue sous le nom de *vert de Schéele*. On l'obtient en faisant bouillir, dans une chaudière de cuivre, deux livres de sulfate de cuivre avec onze pintes d'eau pure. D'autre part, on fait fondre séparément, à l'aide de la chaleur, deux livres de potasse blanche sèche, et onze onces d'arsenic blanc en poudre, dans environ quatre pintes d'eau; l'on filtre. On verse alors sur cette dissolution arséniale, et peu à la fois, la solution de sulfate de cuivre, en ayant soin de remuer constamment avec une spatule de bois. Après quelques heures de repos, la couleur verte se précipite; on décante la liqueur claire; on lave la couleur avec quelques pintes d'eau chaude, qu'on soutire quand elle est devenue claire; on réitère une ou deux autres fois les lavages, on passe à travers une toile serrée, et l'on obtient une belle couleur verte qui, sèche, pèse six onces et demie.

Vert de Schweinfurt, vert de Mitis ou vert de Vienne.

Cette couleur, qui est très vive et très belle, se prépare en Allemagne. D'après M. Braconnot, c'est une espèce de sel double composé d'acide arsenieux, d'acide arsenique et de deutoxide de cuivre hydraté. Pour l'obtenir, on dissout une partie de *vert-de-gris* dans une suffisante quantité de vinaigre pur ; d'autre part , on dissout une partie de deutoxide d'arsenic dans l'eau , et l'on mêle ces solutions. Le précipité est d'un vert sale qu'on fait disparaître par l'addition de nouveau vinaigre. Après que la liqueur a été portée à l'ébullition , elle dépose , au bout de quelque temps , de petits cristaux grenus d'un vert de la plus grande beauté qu'on fait servir après les avoir lavés. Cette couleur, ainsi obtenue, est un peu bleuâtre ; pour lui donner cette nuance plus foncée que le commerce désire , on en fait chauffer, sur un feu modéré, deux livres avec une livre de potasse du commerce en dissolution dans l'eau. (1)

Le deutoxide d'arsenic est aussi employé pour blanchir les verres dans quelques verreries , etc.

Oxide de bismuth.

Cet oxide est d'une couleur jaunâtre et n'a point d'action sur l'air ni le gaz oxigène. Soumis à la chaleur, il entre en fusion. On l'obtient facilement en faisant bouillir, avec une solution de potasse ou de soude , le sous-nitrate de bismuth ou blanc de fard. On lave, on filtre et l'on fait calciner le précipité pour l'avoir très pur. On peut également le préparer en chauffant le bismuth dans un creuset, avec le

---

(1) *Voyez* le Mémoire de M. Braconnot, *Annales de Chimie et de Physique*, t. XXI.

contact de l'air. Cet oxide n'est point volatil ;
on l'emploie dans la composition des couleurs.
Il est composé de

Bismuth.... 100
Oxigène.... 11,267

Oxide de cadmium.

Si sa couleur varie du jaune au brun et
même au noir, son hydrate est blanc ; cet oxide
est fixe et irréductible par la chaleur, ce qui le
rendrait propre à être employé comme principe colorant des poteries, etc. Il est composé de

Cadmium... 100
Oxigène.... 14,352

Oxide de cerium.

Ce *protoxide* est blanc, presque infusible, et
se convertit en deutoxide à une haute température, avec le contact de l'air.

Le *deutoxide* est d'un brun rouge, presque
infusible. Ils sont composés de

	Protoxide.	Deutoxide.
Cerium...	100	100
Oxigène...	17,5	26,1

Oxide de chróme.

Ce *protoxide* a été découvert par M. Vauquelin ; il est de couleur verte, insoluble dans
l'eau et infusible. Cet oxide passe à l'état d'acide,
et par suite, de chromate de potasse, quand on
le chauffe avec cet alcali. L'hydrate d'oxide de

chrôme est gris, mais il reprend sa belle couleur verte si on lui enlève son eau par l'action du calorique. Ce protoxide sert à donner les belles couleurs vertes aux porcelaines, et à colorer les pierres précieuses artificielles imitant les émeraudes, etc.

Deutoxide. Découvert également par M. Vauquelin et entrevu par M. Mussin-Puschkin; il est en poudre brune, brillante, insoluble dans l'eau et les acides, et passant à l'état de protoxide, à une haute température.

On obtient le protoxide en calcinant dans une cornue le chromate de mercure, ou bien en faisant bouillir du chromate de potasse avec de l'acide hydro-chlorique; en versant de l'ammoniaque dans la solution, il se précipite un hydrate de chrôme qui, par l'action du calorique, devient d'un beau vert en abandonnant l'eau qu'il contient.

Le deutoxide se prépare en chauffant le nitrate de chrôme jusqu'à ce qu'il ne se dégage plus de gaz nitreux. Composition :

	Protoxide.	Deutoxide.
Chrôme...	100	100
Oxigène...	42,63	56,84

Oxides de cobalt.

Le *protoxide de cobalt* est gris, lorsqu'il est sec, et bleu à l'état d'hydrate; chauffé avec le contact de l'air, il se convertit en deutoxide. Pour l'obtenir, on verse une solution de potasse ou de soude dans une dissolution d'hydro-chlorate de protoxide de cobalt, et faisant sécher le précipité à l'abri du contact de l'air.

Le *deutoxide* est noirâtre; à une très haute température, il abandonne une portion de son oxigène et passe à l'état de protoxide; il est sans action hors de l'air. On l'obtient en chauffant le protoxide dans un creuset, à une chaleur presque rouge, jusqu'à ce qu'il ait acquis la couleur noire.

Le protoxide n'existe point dans la nature, tandis qu'on rencontre le deutoxide dans la Saxe, en Thuringe, etc.; à la vérité en petite quantité. Composition :

	Protoxide.	*Deutoxide.*
Cobalt....	100	100
Oxigène...	27,097	40,64

Les oxides de cobalt sont employés pour colorer certains verres en bleu; ils servent aussi à faire des fonds bleus sur la porcelaine, ou bien à produire des couleurs dont le bleu est un des principes constituans. On n'emploie jamais les oxides purs, à cause de la difficulté qu'on éprouve pour purifier les nitrates et les hydro-chlorates de cobalt d'où on les extrait.

Il importe aux fabricans de porcelaine de se procurer des oxides de cobalt très purs.

On doit faire choix de la mine grise bien cristallisée, la traiter par l'acide nitrique, ou par le nitrate de potasse et la laver à grande eau. Par ces opérations, l'on obtient un oxide en poudre, gris de lin, très fine, lequel donne un très beau bleu à l'aide d'un fondant.

Oxides de cuivre.

Protoxide. A l'état d'hydrate il est d'une couleur jaune orangé; par l'action du calorique, il se fond, prend une couleur rougeâtre et se convertit en deutoxide. Ce protoxide existe à l'état natif, soit en masses compactes, soit en poussière rouge, en filets soyeux rouges, ou bien en octaèdres très réguliers : dans les laboratoires on le prépare en traitant une dissolution d'hydro-chlorate acide de protoxide de cuivre, par une solution de potasse ou de soude.

Deutoxide. Il est d'un brun noirâtre, moins fusible que le protoxide, et absorbe l'acide carbonique de l'air à la température atmosphérique. On se le procure en décomposant le deuto-sulfate de cuivre par la potasse ou la soude.

Peroxide. Couleur d'un brun jaune foncé, insipide, insoluble dans l'eau; à un degré de température au-dessous de celui de l'eau bouillante, il passe à l'état de deutoxide. On prépare le peroxide en mettant en contact le deutoxide de cuivre avec de l'eau oxigénée par sept à huit fois son volume d'oxigène. On ne connaît pas bien la composition de cet oxide; celle des deux autres est :

	Protoxide.	*Deutoxide.*
Cuivre....	100	100
Oxigène...	12,636	25

Oxides d'étain.

Protoxide. Sa couleur est d'un gris noirâtre, insoluble dans l'eau et irréductible par le calorique. Cet oxide a pour caractère distinctif, de brûler comme l'amadou quand on le chauffe fortement à l'air libre ou avec le contact du gaz oxigène. On obtient cet oxide en chauffant l'étain à l'air libre ou bien en précipitant une dissolution récente d'hydro-chlorate d'étain par la potasse.

Deutoxide. On le trouve abondamment dans la nature, en filons, en amas, ou disséminés dans les roches, principalement en Saxe, en Bohême, en Cornouailles, etc. On le trouve souvent cristallisé en prismes carrés et colorés, et dont la dureté est telle qu'ils font feu au briquet. Le deutoxide d'étain est blanc, indécomposable au feu, inaltérable à l'air. Il se dissout dans la potasse, propriété qui lui a fait donner par Berzélius le nom d'acide stannique. On l'obtient en traitant l'étain en grenaille par l'acide nitrique; l'acide se décompose et cède son oxigène au métal, qui passe à l'état de peroxide, insoluble dans l'acide nitrique. On pourrait encore se le procurer en calcinant l'étain avec le contact de l'air. La pellicule grise qui se forme dessus quand il est fondu est cet oxide que les potiers d'étain appellent *crasse.* Quand on a enlevé cette pellicule, il s'en forme une autre, et tout l'étain peut se convertir ainsi en oxide. Chauffé quelque temps à l'air, le deutoxide d'étain blanchit, devient très pulvérulent; on l'appelle dans le commerce potée d'étain. Il contient de 17 à 20 pour cent d'oxigène.

L'oxide d'étain se combine avec les terres par la fusion ; il les vitrifie, et donne lieu à un produit connu sous le nom d'émail. Les oxides d'étain sont composés de

	Protoxide.	Deutoxide.
Étain.....	100	100
Oxigène...	13,6	27,2

Il paraîtrait que la potée d'étain serait un oxide intermédiaire entre ces deux-là.

Oxides de fer.

Le fer, en s'unissant à l'oxigène, donne lieu à trois oxides que nous allons examiner.

Protoxide. A l'état de siccité sa couleur n'est plus connue; à celui d'hydrate il est blanc et indécomposable par le feu, insoluble dans l'eau; à une température très élevée, il se convertit en tritoxide; il est magnétique, etc.; il absorbe également l'oxigène de l'air à la température ordinaire.

Deutoxide. Couleur noire, indécomposable par le feu, fusible à une température très élevée, magnétique, insoluble dans l'eau, et, comme le précédent oxidé, se convertit en peroxide. Le deutoxide de fer se trouve abondamment dans la nature, en grandes couches, et parfois cristallisé en octaèdres et dodécaèdres rhomboïdaux, au milieu des roches. La mine d'aimant appartient à ce deutoxide, ainsi que l'*éthiops martial* des pharmaciens, que l'on prépare en tenant pendant long-temps de la limaille de fer dans l'eau tiède, ou bien en faisant passer dans un tube de porcelaine contenant du fil de fer bien fin et bien décapé, et chauffé au rouge, de la vapeur d'eau.

Tritoxide, ou *Safran de Mars astringent*. Il est rouge-violet, plus fusible que le fer, non magnétique, indécomposable par le calorique, insoluble dans l'eau et sans action sur le gaz oxigène à aucune température; mais absorbant, à froid, l'acide carbonique de l'air. Cet oxide se trouve dans la nature en masses, en couches ou en filons; ou bien uni à l'argile, au carbonate de chaux, à la silice, etc.; il est le principe colorant de la plupart des ocres, du brun-rouge, de la sanguine, etc. On prépare ce tritoxide en calcinant de la limaille de fer à l'air libre jusqu'à ce qu'elle ait acquis une couleur d'un rouge brun.

Les oxides de fer sont composés de

	Protoxide.	*Deutoxide.*	*Peroxide.*
Fer.....	100	100	100
Oxigène.	28,3	37,8	42,31

Chauffés fortement avec les terres, les oxides de fer se vitrifient et les colorent; détrempés dans l'eau et mêlés à froid avec les terres, ils leur donnent beaucoup de dureté; aussi, a-t-on remarqué que les cimens où il entrait de l'oxide de fer étaient beaucoup plus solides que les autres.

Le fer oxidé se fond, avec les terres, en verre brun, ou en verre vert foncé.

Les oxides de fer, diversement oxidés, donnent des émaux et des couleurs métalliques de diverses teintes.

Lorsqu'on fait fondre de la limaille de fer avec du nitrate de potasse on obtient également le peroxide de fer.

Ces oxides sont d'un usage fréquent dans la préparation des couleurs métalliques.

Oxides de manganèse.

Il est fort peu de substances métalliques qui soient susceptibles de s'unir avec des proportions d'oxigène si variées que le manganèse. Nous allons faire connaître les quatre oxides auxquels il donne lieu.

Protoxide. A l'état d'hydrate, il est blanc, insoluble dans l'eau. Récemment précipité, il absorbe l'oxigène de l'air et passe au brun; il est indécomposable par le feu : à une chaleur bien rouge, il absorbe l'oxigène et se convertit successivement en peroxide. Il n'existe dans la nature qu'à l'état de carbonate ou de silicate.

Deutoxide. Brun-rouge, insoluble dans l'eau, indécomposable par le calorique, mais passant au peroxide avec le contact de l'air; il ne se trouve dans la nature qu'à l'état de silicate; c'est-à-dire en combinaison avec la silice.

Tritoxide. Il est d'un brun noirâtre; exposé

à l'action d'une forte chaleur, il passe à l'état
de deutoxide en abandonnant de l'oxigène,
tandis qu'au rouge naissant il en absorbe et
se convertit en peroxide. On trouve ce tritoxide dans la nature à l'état d'hydrate, souvent mêlé avec l'argile, l'hydroxide de fer et
le protoxide de manganèse.

Peroxide. A l'état compacte il est d'un brun
plus ou moins noir; il est souvent en aiguilles
qui dérivent d'un prisme rhomboïdal et qui
ont un aspect métallique; leur poudre est
noire; dans ce cas, il est pur. Dans le premier,
il se trouve uni à l'oxide de fer, au carbonate
calcaire, à de l'argile, etc. C'est cet oxide que
l'on emploie dans les laboratoires et les fabriques pour obtenir le gaz oxigène. Ces oxides
sont composés de

	Protoxide.	*Deutoxide.*	*Tritoxide.*	*Peroxide.*
Manganèse..	180	100	100	100
Oxigène....	28,10	37,47	42,16	56,215

L'oxide de manganèse (pur) mélangé avec
les terres, les vitrifie en les colorant en vert,
en brun, en noir ou en violet.

Cet oxide est très employé dans la vitrification, particulièrement pour blanchir le verre.

Oxides de mercure.

Deutoxide. Le protoxide n'existant qu'à
l'état d'union avec les acides, nous allons nous
borner à parler du second, qui est d'un rouge
orangé, qui passe au jaune quand il est dans

un grand état de division. A la chaleur rouge il abandonne son oxigène et reprend l'état métallique; il est composé de

Mercure... 100
Oxigène... 7,9

Oxide de molybdène.

Protoxide. Il est brun et a l'aspect métallique; il ne forme pas des sels avec les acides, aussi le regarde-t-on comme un acide, qu'on nomme molybdeux.

Deutoxide. Bleu et regardé comme un acide (molybdique). Ils sont composés de

	Protoxide.	Deutoxide.
Molybdène...	100	100
Oxigène.....	33,51	45,52

Oxide de nickel.

Protoxide. Sa couleur est brune; il est peu fusible; on l'obtient en décomposant le proto-nitrate de nickel par la potasse ou la soude. Le deutoxide se prépare en versant de l'eau oxigénée sur du nitrate de nickel, et en y ajoutant ensuite de la potasse; cet oxide est d'un vert sale.

Oxide d'or.

Protoxide. M. Berzélius a annoncé l'existence de cet oxide, qui contiendrait, d'après lui,

Or...... 100
Oxigène. 1,026

Deutoxide. Il est brun à l'état de siccité ; à celui d'hydrate, il est jaune rougeâtre : il est insoluble dans l'eau et réductible par le calorique ; il s'unit difficilement aux acides et semble jouer lui-même un rôle d'acide avec les alcalis. On l'obtient en précipitant l'hydrochlorate d'or par la magnésie en excès, en lavant le précipité avec de l'acide nitrique affaibli, afin d'en séparer la magnésie. Il est composé de

Or....... 100
Oxigène. 10,7

L'oxide d'or (deuto) s'unit par la fusion aux terres vitrifiables, aux émaux, et les colore en violet, en pourpre, en jaune de topaze, en rouge de rubis, suivant la manière de le préparer et le degré de feu qu'on emploie.

Pourpre de Cassius.

Cette préparation est du plus haut intérêt pour le fabricant de porcelaine ; aussi entrerons-nous dans de plus grands détails sur sa fabrication et sur la théorie de cette même fabrication. Elle a reçu le nom de *pourpre de Cassius*, de celui de son inventeur. M. Proust a cru que l'or y existait à l'état métallique ; mais le plus grand nombre des chimistes n'ont point partagé son opinion, et ils ont persisté à regarder cette composition comme un composé d'oxide d'or et d'étain. Pour préparer le pourpre de Cassius, on prend l'étain le plus pur, tel que celui de melac; on le réduit en feuilles minces en le battant sur une enclume entre deux feuilles de papier. D'autre part, on se procure de l'or à vingt-quatre karats; on le réduit également en feuilles très minces, que l'on coupe ensuite en petits morceaux, et on les fait dissoudre dans l'acide hydrochloro-nitrique (eau régale ou acide nitro-muriatique) (1), en plaçant cet acide dans un matras et sur les cendres chaudes, et y introduisant peu à peu des feuilles d'or jusqu'à ce qu'il ne puisse plus en dissoudre.

La dissolution de l'étain exige beaucoup de précautions. Dans les manufactures, on la fait en mêlant ensemble cinq parties de bon acide nitrique et une d'hydrochlorate de soude (sel marin ou de cuisine). On introduit cette eau régale dans un matras, et on y ajoute une double ou une triple quantité d'eau distillée; cela fait, on y met une feuille d'étain, mince comme une feuille de papier, et pas plus grande qu'une pièce de deux francs. Ce métal devient noir, se réduit en fragmens, se dissout au bout de quelque temps et dépose une poudre noire au fond de la bouteille; le lendemain, on en

_____

(1) On prépare l'eau régale en mêlant en diverses proportions l'acide hydrochlorique (muriatique) avec l'acide nitrique (eau forte); ordinairement c'est à parties égales. On l'obtient aussi en mettant sur les cendres chaudes un matras contenant quatre parties d'eau forte, et y ajoutant peu à peu une partie de sel ammoniac bien pur et en poudre.

met une nouvelle feuille, et l'on continue ainsi pendant dix jours, époque à laquelle la liqueur a acquis une couleur jaunâtre; on filtre alors pour séparer la poudre noirâtre, et l'on conserve cette dissolution dans une bouteille bien bouchée (1). Il est bon de faire observer que ces dissolutions d'étain perdent, dans trois semaines ou un mois, suivant le temps plus ou moins chaud, la propriété de précipiter l'or en rouge. Pour la leur rendre, il suffit d'y ajouter la même quantité de feuilles d'étain qu'au commencement, pour que, vingt-quatre heures après, elles en jouissent encore. Il paraît que cela tient à ce que la plus grande partie de l'oxide d'étain s'est précipitée.

Si l'on ne met que deux mesures d'eau distillée sur une d'eau régale, la composition, quoique très claire quand elle est nouvellement faite, commence quelques jours après, à se troubler et devient enfin opaque. Malgré cela, elle n'en est pas moins bonne pour précipiter l'or en rouge. Cette composition s'éclaircit peu à peu et redevient transparente sans repasser à l'état opaque, même lorsque l'on est obligé d'y remettre de l'étain. Celle dans laquelle on a mis trois mesures d'eau dis-

----

(1) On peut également obtenir cet hydrochlorate de deutoxide d'étain en faisant dissoudre l'étain dans l'acide hydrochlorique, faisant passer dans cette dissolution un courant de chlore, et rapprochant la liqueur par l'évaporation.

tillée sur une d'eau régale, n'est pas sujette à devenir trouble.

Lorsqu'on veut obtenir le pourpre de Cassius avec ces deux dissolutions, on met deux onces d'eau distillée dans un verre, on prend un tube de verre d'un large diamètre dont une des extrémités a été tirée en pointe, et l'autre arrondie au chalumeau; on trempe ce tube par la pointe dans la dissolution d'or, à une hauteur que l'on a soin de marquer avec un fil; on le plonge de suite dans l'eau distillée du vase, et on l'agite dans cette eau afin d'y déposer la dissolution d'or qu'il a entraînée; on enfonce ensuite l'extrémité arrondie dans la dissolution d'étain à une profondeur égale à celle à laquelle on a plongé l'extrémité effilée, et on le porte dans la même eau dans laquelle on l'agite également; on nettoie le tube, et lorsqu'on voit que la liqueur devient rouge, on remet encore de la même matière, deux fois autant de dissolution d'étain que l'on en a mis les premières fois. C'est alors que la liqueur prend une belle couleur rouge foncé ou pourpre. On la verse dans un grand vase de verre, et l'on recommence à en préparer de nouvelle dans le premier vase, après l'avoir bien lavé; l'on continue ainsi jusqu'à ce qu'on ait épuisé la dissolution d'or et d'étain. On laisse déposer la liqueur du grand vase pendant vingt-quatre heures, et lorsque la couleur rouge est déposée et la liqueur surnageant bien claire, on décante par inclinaison; on y ajoute de nouvelle

eau que l'on décante de nouveau quand elle
est redevenue claire. On relave ainsi ce dépôt jusqu'à cinq fois. Après cela on met ce
précipité, qui se trouve en pâte, dans une tasse
de porcelaine, et on le laisse sécher à l'ombre.
Cette poudre est alors noirâtre ; on la place
sur la glace à broyer ; on la ramasse en petit
tas ; on y ajoute une goutte d'eau distillée, et
on la broie en ayant soin d'y mettre de temps
en temps un peu d'eau. Cette poudre, après
avoir été bien broyée et séchée à l'ombre, à l'abri
de la poussière, est soigneusement conservée.

On peut obtenir diverses nuances de pourpre ; ainsi, par une plus grande quantité de
dissolution d'étain, le précipité est d'un violet
foncé. Pour obtenir un pourpre tirant sur le
noir, on mettra, dans deux onces d'eau distillée, de la dissolution d'or jusqu'à ce qu'elle
prenne une teinte jaune, et l'on y suspendra
avec un fil un morceau d'*antimoine jovial* fait
avec trois parties d'étain, et deux de régule
d'antimoine, pendant douze ou treize jours, en
ayant soin de l'essuyer de temps en temps.
Après l'avoir retiré on verse la liqueur et le
précipité dans un plus grand vase rempli d'eau,
qu'on décante quand elle est claire, et on
lave de la même manière plusieurs fois le
précipité.

On peut obtenir ces précipités tout à coup,
en employant et plus d'eau et plus de dissolution d'or et d'étain, mais cela deviendrait plus
embarrassant pour des artistes peu accou-

tumés à mesurer ou à peser des dissolvans. Il
suffit d'avertir ceux qui voudront recourir à ce
parti qu'il faut prendre plus de trois fois autant (en matière) de dissolution d'étain que de
celle d'or.

La préparation du pourpre de Cassius exige
encore diverses précautions. Si l'on emploie
les dissolutions concentrées de ces deux sels,
le précipité est de l'or à l'état métallique ; si
elles sont étendues de beaucoup d'eau, seraient-
elles même très acides, ce précipité est pourpre, ou pourpre rosé, lorsque l'hydrochlorate d'or est en excès, et pourpre violet si
l'hydrochlorate d'étain prédomine. L'intensité
de ces couleurs, pourpre rosé et pourpre violet, est relative à la plus ou moins grande
quantité de l'hydrochlorate que l'on a employée.

Selon M. Oberkampf les précipités sont
composés de

	Pourpre beau violet.	*Beau pourpre.*
Oxide d'étain...	60,18	20,58
Oxide d'or	39,82	20,58

Les divers précipités, broyés avec six fois leur
poids de fondant, produisent sur la porcelaine des pourpres de diverses nuances.

Oxides de plomb.

Le plomb est susceptible de contracter
quatre degrés d'oxidation différens.

Protoxide. Peu connu, il est moins oxigéné,

suivant Berzélius, que les autres ; il se forme quand on expose le plomb à l'air, à une température peu forte, ou bien en calcinant l'oxalate de plomb.

Deutoxide. Il est jaune et fusible au rouge naissant ; par le refroidissement, il est réduit en lames vitreuses qu'on désigne par le nom de litharge. A l'état de fusion cet oxide attaque les creusets au point de les percer ; il absorbe l'oxigène de l'air, et passe à l'état de tritoxide. La litharge du commerce s'extrait des mines de plomb argentifères que l'on calcine pour oxider le plomb et laisser ainsi l'argent à nu.

Tritoxide ou minium ; il est d'un assez beau rouge ; sans action sur le gaz oxigène ni sur l'air ; au rouge-cerise il se convertit en protoxide et entre en fusion.

Peroxide. Couleur puce ; il a pour caractère particulier d'enflammer le soufre quand on les triture ensemble. On le prépare en versant de l'acide nitrique sur du minium, une partie passe à l'état de protoxide qui se dissout dans l'acide, tandis que l'autre se convertit en peroxide, en absorbant l'oxigène.

Composition des oxides de plomb.

	Deutoxide.	Tritoxide.	Peroxide.
Plomb....	100	100	100
Oxigène...	7,725	11,587	15,450

Les oxides de plomb mêlés avec la silice et l'alumine se vitrifient et donnent un verre janne et inattaquable par les acides, si cette vitrification est complète.

Du Massicot.

Lorsque le plomb est fondu et oxidé, il donne, par le refroidissement, une masse jaune qui est connue dans le commerce sous le nom de *massicot*, et qui paraît être un composé de litharge et de plomb. Nous allons faire connaître la préparation de cette substance en exposant celle du minium.

Préparation du Minium.

Le minium est le résultat d'un degré de calcination, ou mieux, d'oxigénation plus avancé qu'on fait subir au plomb. Sa couleur est rouge-orangé éclatant, lorsqu'il est pur, et que dans l'opération on sait se rendre maître de tous les accidens qui peuvent survenir.

Les Romains entendaient par le mot minium le cinabre naturel, c'est-à-dire le *mercure* minéralisé par le soufre.

Le plomb des démolitions ne peut que produire un *minium* d'une qualité inférieure à celui qu'on fabrique avec du plombs neuf.

Il ne faut pas que le minium contienne de l'étain calciné, ni du plâtre, parce que ces substances détériorent plus ou moins les produits de la fabrication; l'étain, suivant les chimistes, et la matière calcaire *opacifient* les composés vitreux.

Manière de procéder.

Première opération : on allume un bon feu que l'on entretient pendant trois heures; le four étant reconnu suffisamment chaud pour pouvoir fondre le plomb, on introduit quatre quintaux de ce métal ; après une heure de calcination il devient *gorge de pigeon*, ce qui n'est que la surface du plomb qui commence à s'oxider. Le feu doit être conduit doucement ; en remuant constamment le plomb, on accumule au fond du four l'oxide, à mesure qu'il s'en forme à la surface.

Le plomb étant parfaitement oxidé, on en remet une nouvelle quantité, ayant l'attention de bien entretenir le feu et de remuer le métal avec un râble ; on continue l'opération, comme nous l'avons déjà dit, jusqu'à ce qu'on soit parvenu à obtenir douze à quinze quintaux d'oxide. La pesanteur d'une certaine mesure d'oxide indique que l'opération est bien faite.

Deuxième opération : on retire cet oxide du four, en se servant d'une pelle de fer ; on le verse dans des auges en pierre ou en plâtre, dans lesquelles on verse de l'eau pour en humecter les parties, afin de prévenir la poussière de l'oxide, toujours dangereuse pour l'ouvrier.

Cette matière, ensuite, est transportée au moulin pour y être broyée ; on y en verse d'abord cinquante livres, sur lesquelles on jette de l'eau jusqu'à six pouces du bord du moulin.

Par le moyen de trois chantepleures, placées à trois hauteurs différentes, on soutire un oxide ayant trois degrés de finesse. Les différentes qualités d'oxide sont versées dans un baquet rempli d'eau, qui est placé à côté du moulin; on soutire, et l'oxide le plus fin, qui s'est déposé au fond de l'eau, est retiré des baquets et placé sur une surface plane carrelée proprement, établie sur la voûte du four, où il sèche graduellement.

Le massicot étant sec, on le passe au moulinet pour le rendre plus fin. Le moulinet est un moulin vertical qui ressemble entièrement aux moulins horizontaux. Une des meules est immobile quand l'autre est en action par le moyen d'une manivelle. La roue immobile est garnie de rainures qui vont de la circonférence au centre, pour aider la chute du massicot broyé, dans un vaisseau placé au bas pour le recevoir. Un ouvrier peut, en une heure de temps, mouliner trois à quatre quintaux.

Troisième opération : le massicot devenu fin, on procède à la réverbération. Ce procédé a pour objet de donner au minium une belle couleur rouge (dans ce procédé, le minium absorbe trois pour cent d'acide carbonique). L'opération se fait dans des plaques de tôle qui ont un pied de long sur sept pouces de large, et un pouce et demi de hauteur, appuyées à leur base par deux tringles de fer, de quatre lignes de largeur sur deux lignes d'épaisseur.

On réverbère avec plus d'économie en opérant après les travaux du jour, car alors on bénéficie de la chaleur dont le four a été pénétré, et on en élève la température jusqu'à ce que la voûte blanchisse. On remplit alors les bassins de tôle de massicot mouliné ; on les met de quatre en quatre en quinconce ; sur quatre de ces plaques on en met trois, sur les trois deux, et on termine la pile par une seule plaque ; on peut alors boucher toutes les ouvertures du four : la réverbération dure jusqu'au lendemain. On extrait le minium des plaques ; il est d'un beau rouge, et on lui donne un plus grand degré de division en le faisant tourner dans un baril contenant des balles de plomb.

Oxide de platine.

Protoxide peu connu. Deutoxide noir, insipide, et composé de 100° de platine et de 16,45° d'oxigène. Le protoxide contient moitié moins d'oxigène.

Oxide de palladium.

Noir et brillant à l'état de siccité, à celui d'hydrate, rouge-brun. Sur cent parties de métal il contient 14,20° oxigène.

Oxide de rhodium.

Ils sont au nombre de trois :

Protoxide : noir et contient 100 de métal et 6,66 oxig.		
Deutoxide : brun	100	13,32
Peroxide : rougeâtre	100	19,98

Oxide de tellure.

Blanc, fusible et produit par la décomposition du nitrate de tellure, par la potasse ou la soude. Composition :

Tellure..... 100
Oxigène.... 24,8

Oxide de titane.

Il est blanc, difficile à fondre. On le trouve en abondance dans la nature, dans les terrains primitifs ; le plus souvent uni à la silice, les oxides de fer ou de manganèse, etc.

Oxide de tungstène.

Sa couleur est brun-noirâtre et quelquefois bleue ; ses constituans sont :

Tungstène... 100
Oxigène 16,56

Oxides d'urane.

Protoxide. Il est d'un gris noir et presque infusible. Pour l'obtenir il suffit de calciner ce métal avec le contact de l'air.

Deutoxide ; d'un beau jaune. Le calorique le convertit en protoxide. On le prépare en exposant à une haute température le deutonitrate d'urane. Composition :

	Protoxide.	*Deutoxide.*
Métal.....	100	100
Oxigène...	5,17	9,32

Oxides de zinc.

Protoxide ou *fleurs de zinc*; blanc sale, non volatil, très difficile à entrer en fusion; indécomposable par le calorique, insoluble dans l'eau. Se trouve en masse uni à la silice, l'alumine, etc.

Deutoxide. Il est blanc, insipide; se décompose, et passe à l'état de protoxide à la chaleur de l'eau bouillante. Composition :

	Protoxide.	*Deutoxide.*
Métal.....	100	100
Oxigène...	24,797	38,45

§. III. DES OXIDES TERREUX.

Les chimistes ont compris dans cette section, les diverses terres que l'on soupçonne, par analogie, être des oxides métalliques, sans que pourtant cette opinion soit basée sur des expériences positives. L'étude des terres est du plus grand intérêt pour le fabricant de porcelaine et pour le potier; aussi consacrerons-nous un long article à l'alumine et à la silice; et afin de ne rien laisser en arrière sur ce point, nous intervertirons un peu l'ordre que nous avons adopté, en plaçant l'alumine et la silice à la fin de cette section. Les terres connues jusqu'à présent sont au nombre de sept.

L'alumine, ou oxide d'aluminum.
La glucine, — de glucinium.
La magnésie, — de magnésium.
La thorine, — de thorinium.

La silice,   ou oxide de silicium.
L'yttria,   — d'yttrium.
La zircone,   — de zirconium.

Glucine.

M. Vauquelin découvrit cette terre, en 1798, dans l'aigue-marine ; il lui donna le nom de glucine parce que ses sels solubles sont douceâtres. Cette terre est blanche, insipide, infusible et insoluble dans l'eau ; elle n'exerce aucune action sur le gaz oxigène ni sur l'air, absorbe l'acide carbonique à froid : le calorique l'en dégage.

Magnésie.

Cette terre constitue une classe de minéraux ; malgré cela, elle est restée confondue avec la chaux jusqu'en 1722. Ce fut alors que F. Hoffmann soupçonna sa nature particulière, que Black démontra trois ans après.

La magnésie est blanche, douce au toucher, sans odeur ni saveur, insoluble dans l'eau, infusible, phosphorescente par la chaleur, verdissant le sirop de violettes, formant des sels avec les acides. Cette terre existe dans la nature, unie à d'autres oxides comme dans l'amianthe, le mica, la pierre ollaire, etc.

Thorine.

Peu étudiée. Cette terre est blanche, inodore, infusible ; s'unit à froid à l'acide carbonique, et se combine avec plusieurs acides ; elle est insoluble dans l'hydrate de potasse.

L'yttria.

L'*yttria*, ou *gadolinite*, fut découverte, en 1754, par Gadolin. Elle est blanche, inodore, insipide, inaltérable à l'air, insoluble dans l'eau, infusible, absorbant l'oxigène à froid et l'abandonnant par le calorique.

Zircone.

Cette terre a été trouvée dans le jargon ou zircon de Ceylan, par MM. Klaproth et Vauquelin, etc. Elle est blanche, insipide, inodore, insoluble dans l'eau, un peu rude au toucher; elle est susceptible de s'unir à l'eau et de former, en se séchant, une masse jaunâtre, demi transparente, qui est un véritable hydrate, contenant le tiers de son poids d'eau. La zircone est susceptible de former des espèces de sels avec la silice.

Alumine.

L'*alumine*, ou *argile pure*, est la base principale des terres argileuses, des terres à foulon, des kaolins, des terres à pipe, des bols, des ocres, des ardoises, des mines d'alun, et d'une foule d'autres combinaisons terreuses ou salines. Ce n'est que depuis 1754 qu'elle a été reconnue par Margraaff pour une terre particulière, et désignée comme un oxide métallique depuis les travaux de Davy sur les alcalis.

L'*alumine*, dans son état de pureté, est

blanche, pulvérulente, douce au toucher, happant à la langue, insipide, inodore, sans action sur les couleurs bleues végétales; insoluble dans l'eau, mais se mêlant à ce liquide en toutes proportions. Elle contracte une telle union avec les dernières portions de celui qu'elle a absorbée, qu'on a beaucoup de peine à l'en séparer. Si l'on expose l'alumine à la plus haute température de nos fourneaux, on ne fait qu'augmenter sa dureté et diminuer son volume. C'est sur cette dernière propriété qu'est basé le pyromètre de Wedgewood; c'est-à-dire sur la propriété qu'a l'argile de prendre du retrait lorsqu'elle est exposée à une haute température; ainsi, plus ce retrait est grand, plus le degré de calorique est élevé. Ce pyromètre consiste en deux règles en cuivre convergentes et divisées en degrés. On y met un cylindre d'argile préparé et qu'on a fait cuire à une chaleur rouge; on voit le degré auquel il s'arrête : on met ensuite ce cylindre dans le fourneau ou dans la substance en fusion dont on veut reconnaître la température, on le laisse ensuite refroidir, et on l'introduit entre les deux règles : plus il s'enfonce, plus il marque de degrés.

Le o de ce pyromètre correspond au 58° centigrade, et le 160, qui est celui de la fusion du fer, à 1750 centigrades.

Wedgewood évalue chaque degré de cet instrument à 72°,22 centigrades.

Depuis environ vingt-deux ans on n'en fait

plus usage à la manufacture de porcelaine de Sèvres; M. Brongniart y en a substitué un autre qui est basé sur la dilatabilité d'une règle de platine.

L'alumine est infusible au plus violent feu de forge; elle n'est fusible, même qu'en très petite quantité, qu'au chalumeau, au gaz oxigène et hydrogène. Lorsqu'elle est unie à l'eau, elle jouit d'une propriété plastique que la calcination lui enlève, mais qu'on peut lui rendre en la dissolvant dans les acides et l'en précipitant par un alcali. Cette terre est inaltérable par l'air, l'oxigène et les fluides impondérables; elle s'unit à la plupart des acides et constitue divers sels; elle a beaucoup d'affinité pour les couleurs végétales, avec lesquelles elle s'unit et constitue les laques, etc.

Pour obtenir l'alumine pure, on verse dans une solution d'alun de la potasse caustique, on lave le précipité blanc qui se produit; on le fait sécher soigneusement et on le fait chauffer dans une capsule de verre.

L'alumine existe dans la nature dans un état presque voisin de pureté, ou bien unie à plusieurs autres terres, principalement avec la silice. Plusieurs chimistes et minéralogistes pensent, que dans ces combinaisons, elle joue le rôle d'acide; dans le simple état de mélange, elle constitue les argiles, les glaises, les schistes argileux, etc. L'alumine se trouve aussi dans la nature à l'état d'hydrate. MM. D. et Julia-Fontenelle ont donné le nom d'alumi-

noxides aux combinaisons de l'aluminium avec
l'oxigène, et ont divisé ce genre en simple
et composé. Dans le premier, ils rangent les
pierres alumineuses dans l'état de pureté, ou
du moins bien voisin, ainsi que les hydrates
de cette terre; dans l'autre, les combinaisons
de l'alumine avec les autres terres. Ainsi, les
aluminoxides simples comprennent :

Le *corindon*, qui est la pierre la plus dure,
après le diamant, et qui est composée de

Aluminium.. 53
Oxigène.... 47
――――――
100

Le *saphir*, pierre précieuse, la plus estimée
après le diamant, et dont les principales couleurs sont le bleu et le rouge, et les variétés le
blanc, le jaune, le vert, etc. Il est composé de

	Saphir bleu.	Saphir rouge.
Alumine......	98,0	90,5
Chaux.......	0,5	7,0
Oxide de fer..	1,0	1,2
Perte........	0,5	1,3
	100,0	100,0

Le *spath adamantin*, ou *corindon d'Haüy*.
Il est d'un blanc verdâtre qui passe au gris de
cette couleur et quelquefois au rouge de chair;
il a l'éclat du verre et raye le quartz. Sa composition est :

Alumine...... 85,25
Silice......... 5,875
Oxide de fer.. 7,000
Perte......... 1,875
――――――
100,000

L'*émeril*, ou *corindon granulaire*. Sa couleur tient le milieu entre le noir grisâtre et le noir bleuâtre; il est peu brillant, translucide sur les bords et rayant la topaze. Composition :

Alumine..... 86
Silice........ 3
Fer.......... 4
Perte........ 7
————
100

Chrysobéril, *cymophane d'Haüy*. Couleur vert d'asperge, passant quelquefois au gris jaunâtre, et d'autres au gris verdâtre. Il est demi-transparent, raye le quartz, et se trouve composé de

Alumine..... 71
Silice........ 18
Chaux.. 6
Oxide de fer.. 1,5

Grosite. Ce minéral est un véritable hydrate d'alumine. Il est blanc ou verdâtre, et composé de

Alumine..... 65
Eau......... 35
————
100

Les aluminoxides composés sont le résultat de l'union de l'alumine avec la magnésie, le zinc, le plomb, la silice, etc.

Parmi les premiers, on trouve :

Le *rubis balai de Kirwan*, ou *rubis spinelle octaèdre de Delisle*. C'est une des pierres précieuses les plus estimées. Sa couleur est rouge, passant au bleu d'un côté et au jaune ou au brun de l'autre. Il est composé de

Alumine.........	82,47
Magnésie........	3,78
Acide chromique.	6,18
Perte..........	2,57

La *galsnite*, ou *automalite*. Elle est d'une couleur vert foncé, raye le quartz et est composée de

Alumine..........	72
Oxide de zinc......	28
	100

Le *plomb gommé*, est jaunâtre ou rougeâtre; ses principes constituans sont :

Alumine..........	38
Bi-oxide de plomb..	42
Eau.............	20
	100

Nous ne pousserons pas plus loin cet examen; à l'article silice nous parlerons des combinaisons de cette terre avec la silice, qui produit le plus grand nombre de pierres précieuses.

Mélanges alumineux.

C'est ainsi qu'on nomme l'union, par simple mélange, de l'alumine avec la silice, la chaux, l'oxide de fer, la magnésie, etc. Ces mélanges donnent lieu à une classe de terres nommées argileuses, dont les qualités, ou mieux les propriétés, varient suivant les proportions des constituans. Nous allons nous livrer à un examen détaillé des argiles, ainsi qu'à celui de leur analyse ; on nous pardonnera aisément de nous être étendu sur un sujet qui est la base principale de l'art du porcelainier, du faïencier, du potier. Nous aimons à convenir que nous avons emprunté à M. Julia-Fontenelle plusieurs détails sur la nature des argiles.

Des argiles.

L'étude des argiles doit être considérée comme l'un des fondemens des connaissances indispensables aux fabricans de porcelaine, de faïence, des poterie, etc., puisque c'est de la qualité de ces terres que dépend en grande partie la confection et la beauté de leurs ouvrages ; car les argiles, comme nous le démontrerons bientôt, étant unies à diverses autres terres, il doit en résulter que, suivant leur degré de pureté, les proportions et la nature de leurs constituans les rendent impropres à toute fabrication, ou bien, propres, dans leur plus grand degré de pureté, à celle de la porcelaine ; dans un degré intermédiaire, aux terres de pipe, et, en décroissant, aux faïences, aux poteries, tuiles, etc.

La nature a répandu abondamment les argiles sur la surface du globe, comme un des dons les plus utiles à l'homme. Elles forment, dans un grand nombre de localités, des montagnes entières ; dans d'autres, elles existent en couches d'une épaisseur plus ou moins grande, ou bien gisant entre d'autres roches, soit en lits, soit en filons, etc. Généralement parlant, l'on doit considérer les argiles comme étant produites par la décomposition lente des roches silico-alumineuses, dont les eaux ont entraîné et déposé les parties les plus légères et les plus fines, qui ont produit les argiles, tandis que les parties les plus grossières et les moins liées ont donné lieu aux dépôts arénacés. D'après cette théorie, les argiles les plus fines doivent être les plus estimées, comme étant les plus homogènes : c'est en effet ce qui a lieu.

Les argiles sont diversement colorées ; les unes sont d'un brun rougeâtre, les autres d'un gris bleuâtre plus ou moins foncé ; d'autres ont une teinte jaune ; mais les plus pures sont celles qui se rapprochent le plus de la couleur blanche. Elles sont opaques, et sans aucune forme cristalline ; happent à la langue, et, lorsqu'on expire dessus, si elles ne sont pas pures, elles répandent une odeur particulière connue sous le nom d'argileuse. Peu dures, douces au toucher, cassure terreuse, mate et unie, se laissant rayer par le fer, produisant avec l'eau des pâtes plastiques, plus ou moins liées ou adhérentes, lesquelles, soumises à une très haute température, comme les cylindres du pyromètre de Wedgewood, prennent une si grande dureté, qu'elles font feu avec le briquet.

Les argiles, d'après le nombre, la nature et les proportions de leurs principes constituans, ont été divisées en plusieurs espèces : nous allons faire connaître les principales.

Kaolin ou *terre à porcelaine.*

C'est sous le nom de *kaolin* que l'argile à porcelaine est connue des Chinois. Elle est due à la décomposition des roches de feld-spath ou à celle de la ponce. Cette argile est d'une couleur blanche, passant au jaune ou au rougeâtre ; elle est friable et maigre au toucher ; elle happe peu à la langue, est presque infusible et ne se lie presque pas en pâte avec l'eau.

Les kaolins se trouvent en Angleterre, dans le Cornouailles ; en France, en Saxe, à la Chine, au Japon. Les principaux de France sont à Saint-Yrier-la-Perche, près de Limoges, ainsi qu'aux environs d'Alençon et de Bayonne. Il est généralement reconnu que les kaolins qu'on trouve en Europe sont moins blancs et moins doux au toucher que ceux qu'on rencontre à la Chine et au Japon. Ceux de Saxe ont une légère couleur jaune ou incarnat qu'ils perdent par l'action de la chaleur ; ceux de Cornouailles sont très blancs et doux au toucher.

Cette argile, avant d'être employée pour la fabrication de la porcelaine, doit être lavée d'abord grossièrement pour enlever les grains de quartz qu'elle contient souvent ; on la lave ensuite soigneusement pour n'employer que les parties les plus fines.

Analyse du kaolin de Limoges.

Silice	55	5a
Alumine	a7	47
Oxide de fer . .	0,5o	0,33
Chaux	a	o
Eau	14	o
	98,5o	99,33

D'après M. Vauquelin. D'après M. Rose.

Cette différence, dans les résultats obtenus par deux habiles chimistes, semble indiquer que le kaolin de Limoges doit offrir plusieurs variétés.

Argile à potier, argile plastique, terre glaise.

Werner a sous-divisé cette argile en argile à potier commune et en terre à pipe. L'argile à potier donne lieu à un grand nombre de variétés qui existent en couches plus ou moins épaisses dans des terrains d'alluvion. Leurs caractères généraux sont d'être compactes, douces au toucher, tendres, de happer fortement à la langue, de former avec l'eau une pâte très liante et très ductile, de prendre beaucoup de retrait par l'action du calorique, ainsi que de dureté. Ces argiles sont infusibles ou bien fusibles à des températures plus ou moins élevées, suivant qu'elles contiennent plus de chaux ou d'oxide de fer.

Les argiles à potier varient par leurs couleurs; elles sont d'un blanc sale, ou bien grises, jaunâtres, bleuâtres, rougeâtres, etc.;

par la cuite, il en est qui deviennent blanchâtres et d'autres jaunes rougeâtres, brunes, etc.

L'*argile à pipe* est d'un blanc grisâtre passant au blanc jaunâtre; elle se trouve en masses; sa cassure en petit est terreuse fine; sa consistance tient le milieu entre le solide et le friable; elle happe assez fortement à la langue, est légère et un peu onctueuse au toucher.

Les fabricans consommés jugent des terres à leur simple inspection; mais l'analyse est cependant le moyen le plus sûr. Les bonnes argiles et les pâtes, provenant des pierres, s'attachent à la langue, ce qu'on appelle happer. Les seules argiles qui conviennent à la fabrication sont les blanches, les grises, les bleues, les rouges et les noires. Ces différentes couleurs proviennent des substances végétales, des bitumes ou des oxides métalliques, et principalement de celui de fer.

Par la calcination, on peut, jusqu'à un certain point, distinguer la nature des substances colorantes des argiles. Celles qui proviennent des végétaux ou des bitumes sont détruites par la cuite; dès-lors la terre devient blanche: celles qui contiennent des proportions d'oxide de fer remarquables deviennent au contraire plus ou moins rougeâtres. Dans les argiles noires, on trouve parfois des racines entières qui y ont été ensevelies avant leur décomposition; les argiles placées près des mines de charbon sont presque toujours bitumineuses.

On trouve les diverses argiles dont nous venons de parler dans les départemens

de l'Aube,	de la Manche,
de l'Aude,	de la Meuse,
de l'Allier,	de la Marne,
du Cher,	du Nord,
de la Dordogne,	de l'Oise,
de l'Eure,	du Pas-de-Calais,
du Haut-Rhin,	de la Seine,
de la Haute-Marne,	de la Seine-Inférieure,
de la Haute-Garonne,	de Seine-et-Oise,
de la Haute-Saône,	de Seine-et-Marne,
de l'Aisne,	de Saône-et-Loire,
de Lot-et-Garonne,	de la Saône, etc.
du Lot,	

Les argiles blanches ne contiennent en général qu'une petite quantité de craie, peu ou point de magnésie et point d'oxide de fer, si ce n'est dans certaines parties qu'on peut séparer à la main. On exploite ces argiles, principalement à Abondant, Arcueil, Forges, Montmartre et Montereau.

Les argiles de Montereau sont plus ou moins grises : elles passent au blanc par la cuite et au blanc sale par une température très élevée. La même carrière ne donne pas toujours une terre identique, puisque, quoique provenant de la même fouille, elles donnent à la cuite différens degrés de blancheur. D'autres, provenant d'une fouille plus profonde, sont d'une qualité plus ou moins supérieure. Exposées à une température médiocre, elles blanchissent beaucoup ou peu ; un degré ou deux de chaleur de plus les blanchit davantage ; de sorte qu'il est nécessaire de bien conduire le feu suivant la qualité de l'argile.

La plupart des variétés d'argile dont nous avons parlé commencent à rougir à une température fort au-dessous de celle de la porcelaine, ce qui annonce l'oxide de fer. Celles qui sont très blanches dans la carrière ne le sont pas toujours à la cuite; il faut chercher la teinte grise. On en trouve qui sont très sablonneuses à la partie supérieure, et qui ne le sont presque pas lorsqu'on pénètre plus avant. En général, le choix des argiles à porcelaine ou à poterie n'est pas toujours une chose aisée; car celle qui paraît bien grasse et très blanche n'atteint pas toujours, par la cuite, la blancheur désirée.

L'argile d'Abondant est blanche; elle est très employée pour faire les gazettes ou étuis dans lesquels on cuit la porcelaine ; c'est avec celle de *Forges-les-Eaux* qu'on fait les poteries de grès. Nous allons transcrire l'analyse de quelques argiles que nous devons à M. Vauquelin.

Principes constituans.	Argile d'Abondant.	Argile de Forge.	Argile de Montereau.	Argile d'Arcueil.	Argile de Montmartre.
Silice.......	43,50	63,	70,	63,50	66,25
Alumine. .	33,	16,	15,	32,25	19,
Oxide de fer	0,50	1,	0,	0,25	7,50
Chaux......	2,	8,	0,	3,75	6,75
Eau........	14,	10,	15,	non recueillie.	non recueillie.

On trouve encore des argiles dans les Pays-Bas, dans le voisinage de Namur, à Autroche, près de Saint-Guilain, dans le voisinage de Mons, près d'Anvers, dans les environs de Tournay, dans ceux de Cologne, etc. Avec cette dernière, on fabrique la terre de pipe, en la mêlant avec du sable de la Meuse. Dans les comtés de Strafford et de Devon, en Angleterre, les argiles qu'on emploie sont grises et non effervescentes par les acides, parce qu'elles ne contiennent aucun carbonate; soumises à l'action d'un feu de porcelaine, elles conservent leur blancheur.

Dans le Shropshire, on trouve une argile presque noire qui devient très blanche par la cuite, parce que cette couleur noire est due à des matières végétales qui se détruisent et se dissipent par la combustion.

Nous terminerons cet examen des argiles par l'exposé de l'analyse de quelques unes.

Le célèbre Bergmann a analysé une argile

blanche d'Hampshire, elle était composé de

Silice...... 51,08
Alumine.... 25,
Chaux...... 3,07
Magnésie.... 0,7
Oxide de fer. 3,07
Perte...... 17,08
————
100,00

Cette perte était due en grande partie à l'eau, dont ce chimiste n'a tenu aucun compte.

M. Hassenfratz, qui s'est beaucoup occupé de l'analyse des argiles, a trouvé les suivantes ainsi composées :

Argile de Douai.

Silice..... 83
Alumine.. 17

Argile de Tournay.

Alumine.. 57
Silice..... 43

M. Wedgewood a trouvé l'argile qui porte son nom, composée de

Argile Wedgewood.

Silice..... 76
Alumine.. 24

Dans un terrain appartenant à M. Desparade de Cuberton, près de Montereau, on trouve une argile blanche qui a pour principes constituans :

Silice........ 78
Alumine..... 12,04
Chaux........ 2,
Oxide de fer.. 1,50
Eau.......... 6,46
————
100,00

En comparant ces diverses analyses, il est aisé de voir que la silice existe dans toutes les argiles, conjointement avec l'alumine, et que les proportions de ces terres varient tellement, que dans les unes l'alumine est le principe qui prédomine, tandis que dans les autres c'est la silice.

Extraction des argiles.

Les argiles blanches se trouvent généralement dans les terrains d'alluvion en couches plus ou moins épaisses, alternant souvent avec des couches arénacées. On en trouve aussi dans les fentes, ou en filons dans certaines roches. Celle que l'on emploie pour la fabrication de la terre dite anglaise se trouve assez souvent à 25 ou 30 pieds de profondeur. L'extraction s'en fait quelquefois en grosses briques, qui pèsent jusqu'à 35 kilogrammes, si c'est une veine ou une couche que l'on exploite; mais si l'argile est en masses considérables, elles n'ont aucun poids fixe.

Dans l'exploitation des carrières d'argile, on doit choisir celle qui a le grain le plus fin et rejeter celle qui paraît empreinte de matières arénacées; on doit ne prendre enfin que celle qui, par ses caractères physiques, paraît se rapprocher le plus de celle dont on a obtenu les plus beaux et les meilleurs produits. L'analyse chimique est, dans ce cas, le guide le plus sûr; malheureusement ce moyen n'est pas à la portée des ouvriers; il exige une somme de

connaissances que bien peu de gens possèdent ;
il n'est donné qu'à un très petit nombre d'hommes d'être habiles dans la science des Lavoisier, des Berthollet, des Vauquelin, des Davy, des Klaproth, des Berzélius, etc.

Pour compléter notre travail sur les argiles, nous allons retracer les principales, avec d'autant plus de raison, que la plupart d'entre elles peuvent trouver leur application à la poterie.

Terre à foulon.

Cette argile est également connue sous le nom d'*argile smectique*. Elle est le plus souvent grise, ou bien d'une couleur tirant sur le vert ou sur le rouge ; elle est grasse au toucher, se délite dans l'eau, sans pourtant contracter beaucoup de liant, et est infusible aux meilleurs feux de forge.

La terre à foulon existe en France dans un grand nombre de localités ; celle qu'on extrait d'Angleterre jouit d'une grande réputation, quoique nous en ayons qui ne lui cèdent en rien, particulièrement celle qu'on trouve aux environs des bains de Rennes (Aude). Celle de Montmartre jouit des mêmes propriétés.

Les terres à foulon sont employées dans les manufactures pour enlever aux étoffes de laine l'huile que l'on emploie pour la fabrication des divers tissus, tels que draps, etc. Nous allons donner l'analyse de quelques terres à foulon.

Principes constituans.	Argile de Hampshire.	Argile des Bains de Rennes.	Argile de Silésie.
Silice.........	52,80	48,60	48,50
Alumine......	25,	27,90	15,50
Chaux........	3,30	4,40	0,
Magnésie	0,70	1,80	1,50
Oxide de fer..	3,70	2,10	7,
Eau	15,50	16,20	25,50

Argile figuline.

Cette variété est caractérisée par une grande douceur au toucher, et par le liant et la ténacité que forme sa pâte avec l'eau; celle qu'on trouve à Arcueil, à Vaugirard, et dans les environs de Paris, est de cette nature; elle est très propre à la fabrication des poteries grossières, au modelage, etc.

Argile bigarrée.

On lui donne ce nom, parce qu'elle forme des dessins rubanés et tachetés en blanc, rouge ou jaune; elle est douce au toucher, très tendre, se délite et happe à la langue.

Argile cimolite.

Cette argile tient de la nature du selciste; elle est ou grisâtre ou rougeâtre, douce au toucher, formant une pâte avec l'eau, plus ou moins tenace.

Argile marneuse.

Cette espèce est un mélange, dans des proportions qui varient à l'infini, d'argile et de carbonate de chaux : elles sont impropres à la poterie ; mais, en revanche, l'agriculture les réclame comme amendemens. Elles ont pour caractères d'être blanchâtres, jaunâtres, rougeâtres ou verdâtres, fusibles, effervescentes avec les acides, et ne faisant pas de pâte avec l'eau.

Argile légère.

Cette espèce est peu riche en alumine, mais elle contient, en revanche, beaucoup de magnésie ; elle ne se délaye ni ne se lie avec l'eau ; elle est infusible et très légère, dans son état de siccité : elle est composée de

Silice.......	55
Magnésie ...	15
Alumine....	12
Chaux......	3
Oxide de fer.	1
Eau.........	14
	100

Argile alumineuse.

Elle est grise ou d'un jaune clair, et sert, pour ainsi dire, de gangue aux mines de houille, dont la plupart contiennent des sulfures de fer (pyrites martiales). Cette argile n'est riche en alun que lorsqu'elle a été long-temps exposée au contact de l'air, parce qu'alors les pyrites sont en partie décomposées et passent à l'état de sulfate de fer, dont une portion abandonne l'acide sulfurique pour s'unir à l'alumine. Cette argile a une saveur styptique bien prononcée : on ne la trouve guère en grande quantité que dans les terres des houillères abandonnées.

Argile bitumineuse.

Cette espèce porte aussi le nom de marne bitumineuse; elle est schistoïde, noire et de nature charbonneuse et bitumineuse; elle est fusible, et se divise en feuillets qui offrent quelquefois des empreintes de végétaux, de poissons, etc. Cette argile contient souvent assez de carbonate de chaux pour être effervescente.

Argile endurcie.

Cette argile constitue, à proprement parler, l'argile schisteuse; c'est elle qui produit quelquefois le feld-spath compacte. Elle est plus ou moins dure, d'un grain plus ou moins fin, et infusible.

Ses couleurs principales sont le gris, le rouge, le vert plus ou moins clair, etc.

L'argile, ou *schiste à polir*, ne doit point être comprise parmi les argiles, puisqu'il en est qui ne contiennent pas d'alumine, et que les autres n'en ont que de 0,5 à 0,8. Il en est de même du tripoli, qui n'est composé que de 7 d'alumine sur 90 de silice; de l'argile schisteuse, qui n'offre que 0,50 d'alumine sur 62 de silice, 8 de magnésie, etc.

Argile ampélite.

Cette variété paraît ne différer de l'argile bitumineuse que par sa nature schistoïde; elle est noire et tachante, presque infusible; elle blanchit au feu, par la combustion du charbon qu'elle contient. Quelques unes se recouvrent, par une longue exposition à l'air, d'une efflorescence d'un blanc jaunâtre, qui est dû à des sulfates d'alumine et de fer.

Bols, ocres, terres bolaires, terre de Sienne, etc.

Ces diverses variétés d'argile sont ou jaunes, ou rouges, ou brunes, suivant la quantité de peroxide ou d'hydroxide de fer qu'elles contiennent; elles sont terreuses, plus ou moins fusibles, ne faisant point de pâte avec l'eau. Elles ont un grain plus ou moins fin, et sont employées pour la peinture, etc.

Il existe encore un grand nombre d'autres variétés d'argile que nous trouvons inutile d'énumérer. Nous allons dire un mot des schistes.

Schistes.

Les schistes se rapprochent beaucoup des argiles par la nature de leurs principes constituans, qui sont presque toujours la silice, l'alumine et l'oxide de fer; quelques uns contiennent en même temps de la chaux, de la magnésie, de l'oxide de manganèse; il en est enfin qui sont bitumineux, et d'autres dans lesquels sont disséminés des cristaux de sulfate de fer. La dureté des schistes est plus ou moins grande; ils se séparent en tables plus ou moins épaisses, et certains en feuillets; ces tables ou feuillets sont, les uns luisans, les autres mats, nacrés, etc. Les schistes sont fusibles, se laissent entamer par le fer, et ne font point de pâte avec l'eau. Quelques uns s'exfolient par le contact de l'air. Leur couleur est, en général, grise, jaune, noirâtre, rougeâtre, brune, etc. Les principaux sont :

Le schiste alumineux ;
Le schiste argileux ;
Le schiste à aiguiser (pierre à rasoir);
Le schiste lithographique ;
Le schiste luisant ;
Le schiste tabulaire (ardoise);
Le schiste à dessiner (crayon noir);
Le schiste silicieux ;
Le schiste onyx, etc.

Nous allons offrir l'analyse des deux principaux :

Analyse de l'ardoise.

Silice......	48
Alumine ...	33
Magnésie de	1 à 4
Fer de.....	2 à 12
Potasse de..	1 à 4
Eau	7

L'on voit que, dans ces schistes, l'alumine est une des parties constituantes essentielles.

Analyse du crayon noir.

Silice........ 64,06
Alumine.... 11,
Carbone.... 11,
Fer......... 2,75
Eau......... 7,20

Ces deux analyses nous paraissent suffisantes pour établir les rapprochemens qui existent entre les argiles et les schistes. Parmi ces derniers, il en est qui offrent des paillettes très brillantes, dorées ou argentées, comme celui de Coindrieux; elles ne sont autre chose que des lames de mica plus ou moins grandes.

Silice.

La silice est une des deux terres qui sont la base des porcelaines et des poteries; elle existe dans la nature à l'état de pureté, à l'état de simple mélange, et à l'état qu'on croit être celui de sel et jouant le rôle d'acide. Cette classe de sels est connue sous le nom de silicates. Avant d'en venir à leur examen, nous allons faire connaître la silice.

Cette terre est connue, de temps immémorial, sous le nom de *cristal de roche*, de *quartz*, de *terre vitrifiable*; elle constitue en entier ou est la base essentielle d'un grand nombre de substances pierreuses qui donnent des matières vitreuses en les fondant avec les alcalis, et qui font, en général, feu au briquet. A l'exception du diamant, du saphir et du rubis, la silice est la base principale de toutes les pierres précieuses. A l'état amorphe, elle produit les divers silex, les agates, les jaspes, les calcédloines, etc.; à l'état terreux, elle constitue les sables quartzeux.

La silice se rencontre dans les terrains primitifs et de transition, en petites couches; dans les crevasses ou fentes de ces roches, il existe en cristaux, souvent très gros, qui sont des prismes à sommet hexaèdre. Ces cristaux, lorsqu'ils sont incolores, prennent le nom de quartz; quand ils sont bleus, celui d'améthistes; quand ils sont rouges, de hyacinthes, etc. Dans nos laboratoires la silice paraît très peu soluble dans l'eau, cependant ces cristallisations naturelles semblent attester cette solubilité; de plus, plusieurs chimistes en ont annoncé l'existence dans plusieurs eaux qu'ils ont analysées. Lorsque la silice n'est que dans un état d'agrégation, elle ne conserve aucune transparence quoiqu'elle affecte cependant quelquefois des formes régulières, comme le grès de Fontainebleau nous en offre un exemple; elle constitue aussi les diverses espèces de grès que l'on distingue par la finesse de leur grain et qui reçoivent diverses applications aux arts industriels. Quand cette agrégation est rompue, il en résulte un sable siliceux, etc.

Lorsqu'on veut obtenir la silice dans son plus grand état de pureté, on prend une partie de quartz et deux de potasse ou de soude caustique; on les fait fondre dans un bon creuset ; on pulvérise le produit et on le fait bouillir dans cinq parties d'eau ; après avoir filtré on y verse de l'acide sulfurique en excès qui s'unit à l'alcali et précipite par ce moyen la silice à l'état d'hydrate. Après l'avoir lavée à plusieurs eaux on la fait sécher et chauffer au rouge. La silice ainsi obtenue est pure ; elle est alors très blanche, rude au toucher, infusible, insoluble dans la plupart des acides, s'unissant au contraire avec quelques oxides, comme les derniers, et constituant des composés connus sous le nom de silicates.

Nous allons maintenant examiner la silice telle qu'elle se trouve dans la nature, soit pure, soit à l'état de combinaison.

Quartz.

Le quartz ou *cristal de roche*, lorsqu'il n'est coloré par aucun oxide métallique, doit être considéré comme de la silice cristallisée ; mais il arrive parfois qu'il est coloré en gris, en violet, en rouge, etc. Le quartz est transparent, il est infusible, fait feu au briquet et raye les métaux. Il existe dans la nature en masses ou disséminé, et sous diverses formes imitatives. A l'état cristallin, on en trouve diverses variétés de formes, les unes sont des prismes hexaèdres terminés par un sommet semblable ; les autres sont des pyramides simples hexaèdres ou bien en dodécaèdres formés par une double pyramide ; il y en a aussi en rhomboèdres obtus, en geodes, etc. Relativement à leur structure il y en a des variétés qui sont *laminaires*, *stratoïdes*, *compactes*, *fibreuses*, *saccharoïdes*, *grenues*, *bulleuses*, *schisteuses*, *arénacées*, *treillisées*.

Sous le rapport des couleurs, on en trouve qui ont une teinte rose; celui qui est bleu est appelé *saphirin* ou *saphir d'eau*; le *jaune* produit la *fausse topaze* ou *topaze de Bohême*; le *vert* est assez rare; le *violet* forme l'*améthiste*, le *rose vif*, le *rubis de Bohême*, etc.

Enfin, il n'est point de famille minéralogique qui offre plus de variétés que le quartz, tant sous le rapport des formes et des couleurs, que sous ceux de l'éclat et des variétés de lumière; on peut se convaincre de cette vérité en examinant les superbes échantillons des variétés de cristal de roche qui décorent nos cabinets de minéralogie. Nous avons déjà fait connaître que le quartz était considéré comme un oxide, et même comme un acide métallique; on le croit composé de

Silice...... 5o
Oxigène 5o
――――――
100

Nous allons passer en revue les principaux minéraux que la silice constitue dans un état voisin de celui de pureté.

Calcédoine. Couleur vert noirâtre qui semble passer au rouge sanguin lorsqu'on regarde à travers. Elle est opaque ou translucide, fait feu au briquet, et blanchit par l'action du calorique. Sa composition est celle du quartz. On en trouve plusieurs variétés ; lorsqu'elle est *jaune* elle est connue sous le nom de *sardoine* ou *calcédoine jaune*, *cornaline jaune*.

Cornaline. Paraît être une variété de la calcédoine ; celle qui est d'un rouge sanguin est la plus estimée. Il en est qui sont d'un rouge pâle, et d'autres qui tirent sur le blanc, le brun : cette pierre est moins dure que la précédente, elle est composée de

Silice....... 9¼
Alumine 3,5
Oxide de fer. 0,75

Agate. On en connaît plusieurs variétés, qui sont la *rubanée*, qui est composée de bandes diversement colorées : l'*herborisée* ; c'est à proprement parler une calcédoine portant l'empreinte de diverses herborisations, traversées parfois par des veines irrégulières, et presque rouge (l'*agate-moka* en est une sous-variété) : l'*agate-fortification* ; lorsqu'elle est sciée, elle offre à l'intérieur des apparences de fortification, etc.

Jaspes. Ce sont encore des variétés de la calcédoine par mélange mécanique. On connaît plusieurs variétés de jaspe : le *commun*, qui est d'un rouge brun ; l'*égyptien*, qui se sous-divise en *brun* et en *rouge* ; le *rubané* ; le *jaspe-agate* ; le *jaspe-porcelaine*. La plupart des minéralogistes regardent cette variété comme étant produite par une argile schisteuse qui a été durcie par les feux souterrains ; on y remarque parfois des empreintes végétales ; il est coloré en bleu, en jaune, en gris, en rouge de brique, gris cendré, en noir, etc. Presque toujours il est d'une couleur uniforme ; il arrive cependant qu'il offre quelquefois des dessins nuancés et pointillés. Ce jaspe est assez dur et opaque ; il donne par la fusion un verre blanc et se trouve composé de

Silice.......	60,75
Alumine....	27,25
Magnésie....	9,00
Oxide de fer.	2,5
Potasse.....	3,66

Ce jaspe est un véritable silicate d'alumine. Le *jaspe-opale* est brun-noirâtre, jaune d'cre, rouge, etc. ; il existe des masses dans le porphyre ; il est ordinairement opaque : d'après Klaproth il est composé de

Silice.......	43,5
Oxide de fer.	47,
Eau........	7,5

La silice existe dans la nature à l'état d'hydrate ou d'*hydroxide*, d'après M. Julia-Fontenelle ; en cet état elle constitue :

L'*opale*, qui est molle au sortir de la terre, et durcit par son exposition à l'air en diminuant de volume ; elle est translucide. Les plus estimées sont les *opales-orientales* ou *nobles* ; la couleur est blanc de lait, tirant sur le bleu ; elle est très éclatante et composée de

Silice... 90
Eau.... 10
——
100

L'*opale commune* est d'un blanc de lait très éclatant, avec une diversité de nuances, telles que le jaune, le verdâtre, le vert grisâtre, etc.; elle se compose de

Silice....... 93,5
Oxide de fer. 1,0
Eau 5,0
Perte 5

L'*opale-feu* est rouge-hyacinthe, d'un grand éclat et très transparente; elle est dure et passe à la couleur de chair par l'action du calorique : elle est composée de

Silice... 92,00
Fer.... 0,25
Eau.... 7,75

Demi-opale. Elle varie par ses couleurs, qui sont le blanc, le gris cendré ou noirâtre, le jaunâtre, le vert poireau, pomme ou olive, le brun marron; ces couleurs offrent presque toujours un aspect terne et représentent parfois des dessins tachetés, nuagés ou rubanés : cette opale est translucide, demi-dure, et a pour constituans :

Silice............. 85,00
Alumine.......... 3,
Carbone 5,
Oxide de fer....... 1,75
Eau ammoniacale. . 8,
Huile bitumineuse.. 0,38

Elle est commune dans plusieurs localités, surtout parmi les *pechsteins*. Nous avons déjà dit que la silice était susceptible de s'unir avec les autres terres dans un état salin; nous allons présenter plusieurs de ces combinaisons et notamment celles avec l'alumine, comme se rattachant plus particulièrement à cet ouvrage.

Silicates alumineux.

La famille des silicates alumineux est très nombreuse; elle se sous-divise en silicates alumineux simples et en doubles. Nous n'entrerons point dans l'énumération de toutes les espèces; nous nous bornerons à indiquer les principales. Ainsi, dans les silicates simples ou dont l'alumine et la silice sont les constituans principaux, nous citerons :

L'*allophane Riémanite*. Sa couleur est bleue et parfois blanchâtre, brune ou verte; elle est transparente ou translucide sur ses bords, et composée de

Silice............	21,92
Alumine.........	32,2
Chaux..........	0,73
Sulfate de chaux.	0,52
Carbonate *id*....	3,06
Hydrate de fer...	0,27
Eau.	41,3

La *cyanite*. Couleur bleu de Prusse, passant au gris et au vert, translucide ou transparente, en masse, disséminée, en concrétions ou en cristaux. Composition :

Silice.... 43,
Alumine. 55,5
Fer..... 0,5

Collyrite. Aspect de la gomme ; éclat résino-vitreux. Composition :

Silice.... 13,14
Alumine. 42,46
Eau..... 44,20

Feld-spath rhomboïdal ou *népheline*. Couleur blanche, éclat vitreux, en masse ou en cristaux prismatiques, transparent et translucide. Composition :

Silice...... 46
Alumine.... 49
Chaux...... 2
Oxide de fer. 1

Perlstein, ou *pierre de perle*. Elle est le plus généralement grise, son éclat est brillant ; elle est translucide sur les bords, tendre, et composée de

Silice...... 75,25
Alumine.... 12,
Potasse..... 4,05
Oxide de fer. 1,15
Eau........ 4,05

Cette pierre pourrait être appliquée à la fabrication de la porcelaine.

Pumice commune. Blanchâtre, vésiculaire, éclat nacré, translucide sur les bords et composée de

Silice............ 77,5
Alumine......... 17,5
Soude et potasse. 3,
Fer et manganèse. 1,75

Micarella, ou *pinite.* En masses, en concrétions, et le plus souvent en prismes équiangles; opaque, tendre, douce au toucher. Composition :

Silice.... 65
Alumine. 35

Les silicates doubles sont très nombreux, et offrent une classe de pierres très variées par leurs caractères physiques et leur composition. Les principales sont :

L'*amphigène*, également connue sous les noms de *leucite, grenat blanc,* etc. Elle est en grains arrondis ou bien en cristaux pyramidaux doubles à huit faces. Elle est composée de

Silice.... 56
Alumine. 20
Potasse.. 20
Chaux... 2
Perte.... 2

La *chabasie.* Elle est presque toujours cristallisée; sa couleur est blanche ou rosée; parfois elle est transparente; elle raye le verre, et se compose de

Silice.... 52
Alumine. 19
Chaux... 10
Eau..... 19

L'*émeraude*. C'est la pierre précieuse la plus estimée après le rubis ; sa couleur est d'un beau vert particulier ; elle est presque toujours en petits cristaux hexaèdres, simples ou modifiés ; transparente et presque aussi dure que la topaze : par l'action du calorique elle prend une couleur bleue. Composition :

Silice.... 68
Alumine. 18
Glucine.. 14

Feld-spath. C'est le minéral qu'on trouve le plus abondamment dans la nature après la chaux carbonatée. C'est lui qui est la base principale du *gneiss* et du *granit*. Il existe très souvent en cristaux prismatiques hexaèdres ou décaèdres, à sommets irréguliers, ou bien en parallélipipèdes obliquangles réguliers. On connaît un grand nombre de sous-espèces de feld-spath : le *feld-spath commun* ; le *feld-spath de chaux*, ou *indianite* ; le *feld-spath compacte* ; le *feld-spath de potasse*, connu aussi sous le nom d'*adulaire*, ou *pierre des lapidaires* ; le *feld-spath vitreux*, et le *feld-spath de soude*, ou *albite*.

Le *feld-spath commun* est désigné par les Chinois sous le nom de *petunzé* ; ils l'emploient pour fabriquer leur belle porcelaine ; sa couleur est blanche ou bien bleuâtre, verte ou rougeâtre ; son éclat tire sur le nacré ; il est translucide sur les bords et moins dur que le quartz. Il est composé de

PRINCIPES constituans.	FELD-SPATH COMMUN		
	vert de Sibérie.	rouge de chair.	de Passau.
Silice..........	63,83	66,75	60,25
Alumine........	17,02	17,50	22,
Chaux..........	3,00	1,25	0,75
Potasse.........	13,00	12,00	14,00
Oxide de fer....	1,00	0,75	1,00

Les autres feld-spath sont composés de

PRINCIPES constituans.	FELD-SPATH				
	com-pacte.	vitreux.	de chaux.	de potasse.	de soude.
Silice......	51,	68,	70,50	64,	70,
Alumine...	30,05	15,	19,	20,	19,
Chaux	11,25	0,	10,50	02,	0,
Potasse...:	0,	15.5	0,	14,	0,
Soude.....	4,	0,	0,	0,	11,
Oxide de fer	1,75	0,5	0,	0,	0,
Eau.	1,26	0,.	0,	0,	0,

Par la composition des feld-spath, il est aisé de voir que le vitreux, celui de potasse et celui de soude, pourraient être utilement employés pour la fabrication de la porcelaine.

Des grenats. Divisés par Werner en grenats précieux et communs, et par M. Beudant en grenats de chaux, de chaux et de fer, de fer et de manganèse, suivant la base qui est unie à la silice.

Grenat de chaux, *grossulaire*, *grenat commun.* Il est brun, rougeâtre ou vert, translucide; a plus ou moins d'éclat; est plus dur et plus fusible que le grenat noble ou précieux; il affecte souvent les mêmes formes cristallines que celui-ci.

Grenat de fer, dit également *grenat précieux, noble, almandin, oriental,* etc. Sa couleur est d'un rouge foncé, tirant quelquefois sur le bleu, translucide ou transparent, raye le quartz; les plus estimés sont ceux du Pégu. On le trouve en masse, disséminé, mais plus généralement en grains arrondis représentant des dodécaèdres rhomboïdaux, des dodécaèdres tronqués, des pyramides tétraèdres, etc.

Grenat de chaux et de fer, ou *grenat mélanite.* Sa couleur est celle du noir de velours; on le trouve le plus souvent cristallisé en dodécaèdres rhomboïdaux tronqués : ce grenat est opaque et aussi dur que le quartz.

Grenat de manganèse. Cette sous-espèce est brune et peu estimée.

Nous allons donner l'analyse de ces divers grenats.

PRINCIPES constituans.	GRENATS CONNUS SOUS LE NOM DE			
	gr. de chaux.	gr. de fer.	gr. de fer et de chaux.	gr. de manga- nèse.
Silice........	38,	38,	35,5	38,
Alumine....	20,6	20,	6,	20,
Chaux......	31,6	0,	32,5	0,
Oxide de fer.	10,5	42,	25,25	0,
Oxide de mauganèse.	0,	0,	0,4	42,

L'*hauyne*, ou *saphirine*, est bleue et a diverses nuances, plus ou moins brillante, translucide ou transparente; elle se trouve quelquefois en pyramides doubles hexaèdres, etc. Elle est composée de

Silice............ 30
Alumine......... 15
Chaux.......... 13,5
Potasse.......... 11,
Oxide de fer..... 1,
Acide sulfurique. 12,
Perte........... 17,5

Hornblende, ou *amphibole d'Haüy*. On en connaît quatre espèces : la commune, la *schisteuse*, la *basaltique* et celle du *Labrador*.

La *commune* est noire et parfois tirant sur le verdâtre; elle a un éclat nacré, translucide sur les bords, exhalant une odeur particulière lorsqu'on expire dessus; elle se trouve en

masse, disséminée ou bien en prismes tétraèdres ou hexaèdres. La *schisteuse* est d'un noir
verdâtre ou d'un vert noirâtre ; elle est opaque, éclat nacré, cassure schisteuse, amorphe, etc. La *basaltique* est d'un noir de velours
et parfois d'un noir brun ; elle a l'éclat nacré ;
elle est opaque et en cristaux isolés, en prismes hexaèdres. Celle du *Labrador* est sous diverses couleurs : noir brun, noir grisâtre, noir
vert, rouge cuivreux, etc. ; elle est opaque,
dure. Composition :

	Hornbl. commune.	Hornbl. basaltique.
Silice..............	42,	42,
Alumine...........	12,	7,69
Chaux.............	11,	8,80
Magnésie..........	2,25	10,90
Oxide de fer.......	30,	22,69
Oxide de manganèse	0,25	1,15
Eau...............	0,75	5,77
Perte.............	1,75	1,
	100,00	100,00

Lapis-lazuli, lazulite, pierre d'azur. Sa couleur est d'un beau bleu d'azur ; elle est opaque
ou translucide sur les bords, fait à peine feu
au briquet, raye le verre : on la trouve ordinairement en masses, en morceaux épais et
roulés, quelquefois mêlée avec le grenat, le feld-
spath, etc. Les plus beaux échantillons nous
parviennent de la Chine, de la Perse et de la
grande Bucharie.

Le *lapis-lazuli* est d'un prix fort élevé et
très rare : on le taille pour des ornemens pré-

cieux; c'est en effet une des plus belles pierres qu'on puisse employer en revêtement; mais, comme on ne la trouve qu'en fragmens qui sont rarement de 15 à 20 pouces de côté, les revêtemens sont presque toujours composés de petites pièces. Les variétés pures sont réservées pour la bijouterie. C'est de cette pierre qu'on retire cette belle couleur bleue qui porte le nom d'*outremer*.

Préparation du bleu dit *d'outremer.*

Faites rougir la lazulite et jetez-la ensuite, non dans le vinaigre, comme font les marchands de couleurs, mais dans l'eau, afin de la rendre moins dure. Réduisez-la en poudre, et mêlez-la bien avec un mastic composé de cire, de résine et d'huile de lin cuite. Placez cette pâte dans un linge et pétrissez-la dans l'eau chaude à plusieurs reprises; on rejette la première eau qui est sale; la seconde donne un bleu de première qualité; celui de la troisième est moins précieux, ainsi de suite, jusqu'à la fin de l'opération, qui ne donne qu'un bleu très pâle nommé *cendres d'outremer.* La théorie de cette opération repose sur la propriété dont jouit le bleu d'outremer d'adhérer moins au mastic que les autres substances étrangères auxquelles il est uni.

Cette couleur est une des plus rares et des plus solides : elle se vend jusqu'au-delà de 200 francs l'once.

Analyse du lapis-lazuli.

Nous avons sous les yeux trois analyses qui sont si variées, que nous allons les rapporter.

Silice.............	46,	34	44
Alumine.........	14,5	33	35
Chaux..........	28,	0	0
Oxide de fer....	3,	0	0
Sulfate de chaux.	6,5	0	0
Soude............	0,	22	21
Eau.............	2,	0	0
Soufre...........	0,	3	0
	100,0	92	100
	M. Klaproth.	Clément-Desormes.	Analyse citée par M. Thenard.

M. Vauquelin croit que cette pierre contient de l'oxide de fer.

On trouve encore dans cette famille l'*andalouzite*, l'*anthophyllite*, l'*axinite*, la *carpholite*, la *pagodite*, la *chabasie*, la *codicrite*, la *dipyre*, l'*éléolite*, l'*épidote*, l'*euclase*, l'*helvine*, l'*idocrase*, *laumonite*, l'*épidolite*, la *mésotype*, les divers *mica*, la *pétalite*, la *prennite*, la *physalite*, la *scapolite*, la *sodalite*, la *staurolide*, la *stilbite*, la *thomsonite*, la *tourmaline*, le *schorl*, la *triphane*, la *zéolite*, etc.

Silicates non alumineux.

Ces diverses pierres ou combinaisons salines ont tout autre base que l'alumine; dans cette nombreuse famille, ce dernier oxide n'entre pour rien dans aucune des espèces; loin de les énumérer toutes, nous nous contenterons d'en présenter quelques unes de simples et de composées.

Calamine. Ce nom est également donné au carbonate de zinc natif. La couleur de cette pierre est blanche ou jaunâtre, infusible, électrique par la chaleur; se trouve en cristaux prismatiques rhomboïdaux; elle est composée de

Silice.........	26,23
Oxide de zinc.	66,37
Eau..........	7,40
	100

Cérine. Sa couleur varie du rouge carmin au rose, au brunâtre, au violâtre, etc. Constituans :

Silice..........	68
Oxide de cerium.	20
Eau...........	12
	100

Chondroïte. C'est un vrai silicate de magnésie pur dont les constituans sont

Silice.......	43
Magnésie...	57
	100

Dioptase ou *émeraudine* (silicate de cuivre); couleur d'un beau vert d'émeraude : elle est en prismes hexaèdres terminé par des pyramides à trois faces, infusible, éclat vitreux. Composition :

Silice..........	43,181
Oxide de cuivre..	45,454
Eau..........	11,365
	100,000

Gadolinite ou *silicate d'yttria*. D'un noir très beau ; presque infusible, plus dur que le feld-spath, éclat vitro-métalloïde, cristaux en prismes obliques rhomboïdaux, etc. Composition.

Silice....	28
Yttria...	72
	100

Ce minéral contient aussi du silicate de fer.

Magneste, *écume de mer* ou *silicate de magnésie*. Couleur blanchâtre, ou jaunâtre, parsemée de petites taches rudes au toucher, opaque, infusible, elle est en masses tuberculeuses, uniformes et vésiculaires. Composition :

Silice.....	52
Magnésie .	23
Eau......	25
	100

Pimélite ou *silicate de nickel*. Couleur vert pomme, terne et terreuse ; elle est composée de

Silice.....	43
Oxide de nickel.	17
Eau..........	40
	100

Serpentine. Cette pierre se sous-divise en *serpentine commune* en *noble* ou *précieuse*, etc. La serpentine commune est d'une couleur verte de différentes nuances ; elle est translucide, un peu onctueuse au toucher ; la *noble* ou *précieuse* est d'un vert poireau plus ou moins

foncé, plus ou moins translucide et prenant
un plus beau poli que la commune. Composition :

	Serpent. commune.	Serpent. précieuse.
Silice..............	32,	42,5
Magnésie..........	27,	38,68
Chaux.............	10,6	0,25
Alumine...........	0,5	1,
Oxide de fer.......	0,66	1,5
Acide carbonique et		Oxide de chrôme. 0,25
matière volatile..	14,16	Oxide de manga-
		nèse.......... 0,66
		Eau............ 15,
	95,16	99,84

M. Beudant donne pour terme moyen de la
composition des diverses serpentines

Silice.......	39
Magnésie....	50
Eau.........	11
	100

Silicates de maganèse. La silice s'unit à
l'oxide de manganèse seul, ou avec l'eau, et
forme les trois composés suivans :

	Sil. hydraté.	Bi-sil. mang.		Sil. tri. mang.
Silice......	26	47		16
Bi-oxide m.	59	53	Tri. oxide.	84
Eau.......	15	0		0
	100	100		100

Talcs. On en compte plusieurs variétés ; *l'é-
cailleux*, le *commun* ou *talc de Venise*, *craie
de Briançon*, *l'endurci* ; le *laminaire*, etc.
L'écailleux est d'un blanc qui tire quelquefois

sur le verdâtre; la craie de *Briançon* est d'un blanc d'argent; il a quelquefois une nuance verte plus ou moins foncée; son éclat est demi-métallique; il est translucide, gras au toucher, infusible. Composition :

Talc écailleux.		Talc de Venise.	
Silice.....	50		62,
Alumine..	26		1,5
Potasse...	17	Magnésie. ...	27,
		Oxide de fer.	3,5
		Eau.	6,
	93		100,0

L'amianthe, asbeste, lin et liége de montagne, etc. : les variétés de ce minéral sont trop connues pour avoir besoin d'être décrites, nous nous bornerons à faire connaître leur composition.

Voyez le tableau à la page suivante.

PRINCIPES CONSTITUANS.	LIÉGE DE MONTAGNE. Deux espèces.		QUATRE ESPÈCES D'AMIANTHE.				ASBESTE commune.
			1	2	3	4	
Silice.........	62,	56,2	64,	64,	72,0	59,	63,9
Magnésie.......	22,	26,1	17,3	18,6	12,9	25,	16,0
Chaux.........	10,	12,7	13,9	6,9	10,5	9,5	12,8
Alumine........	2,8	2,	2,7	3,3	3,3	3,	1,
Oxide de fer.....	3,2	3,	2,2	1,2	1,3	2,25	6,

Nous ne pousserons pas plus loin l'examen des combinaisons siliceuses connues sous le nom de silicates simples ou composés. D'après ce que nous en avons dit, ainsi que d'après l'exposé des combinaisons de l'alumine, on a dû voir que cette terre, de même que la silice, soit unies ensemble, soit avec d'autres oxides, donnent lieu à presque toutes les pierres précieuses, ainsi qu'à un grand nombre de minéraux très curieux. Les formes régulières qu'affectent la plupart de ces minéraux, la variété de leurs couleurs, leur opacité ou leur transparence, la différence des rayons lumineux, leur éclat, leur dureté, leur infusibilité, ainsi qu'une foule d'autres caractères qui leur sont propres, et, par-dessus tout, le rôle important que jouent l'alumine et la silice dans la formation de la porcelaine, qui paraît n'être qu'une demi-vitrification de ces deux oxides, nous ont engagé à entrer dans quelques détails sur leur composition minéralogique. En leur prêtant ces belles couleurs, l'éclat dont la plupart brillent, et cette dureté qui les distingue des autres pierres, la nature paraît avoir indiqué d'avance l'emploi qu'on pourrait en faire.

Comme, dans la fabrication des couleurs, on fait usage de plusieurs sels et de quelques acides, nous allons consacrer deux sections, l'une aux acides et l'autre aux principaux sels; nous terminons ces notions préliminaires par un chapitre sur la préparation des terres.

CHAPITRE V.

DES ACIDES.

Le nom d'acide est consacré à des corps composés qui ont une saveur plus ou moins aigre, rougissent la plupart des couleurs bleues végétales, se combinent avec les bases salifiables, et presque tous les oxides métalliques, et forment de nouveaux corps connus sous le nom de sels. En général, les acides sont sous forme solide, et quelques uns susceptibles de cristalliser, d'autres sont liquides et certains sont gazeux : à l'exception d'un seul, ils sont tous solubles dans l'eau.

Lorsque la chimie pneumatique eut imprimé à cette science une marche nouvelle, on regarda l'oxigène comme le principe acidifiant, c'est-à-dire qui, en s'unissant à certains corps, les convertit en acides. Depuis, l'illustre Berthollet démontra que l'hydrogène, sans le secours de l'oxigène, pouvait également acidifier quelques substances; enfin, on a reconnu de nos jours qu'il existait des corps, tels que le bore, le chlore, le phthore, etc., qui, en s'unissant entre eux, pouvaient constituer des acides dans lesquels il n'entrait ni oxigène ni hydrogène. Il est aisé de voir, d'après cela, combien est défectueuse cette terminaison en *ique*, qui semble annoncer, d'après la théorie de MM. Berthollet,

Guyton de Morveau., Lavoisier et Fourcroy, qu'un acide est à son second degré d'oxigénation lorsqu'il ne contient pas un atome d'oxigène. D'après ces considérations, nous pensons avec M. Julia-Fontenelle, que l'acidification est le résultat de la combinaison de deux corps, dont aucun des deux ne possède exclusivement la propriété acidifiante.

Les chimistes ont divisé les acides en *oxacides* et en *hydracides*; les premiers sont le produit de la combinaison de certains corps avec l'oxigène, et les seconds résultent de l'union d'une autre classe de corps avec l'hydrogène. Il en est plusieurs qui sont susceptibles de produire des oxacides et des hydracides, suivant qu'ils se combinent avec l'oxigène ou avec l'hydrogène; tels sont ceux qui sont présentés dans le tableau suivant.

Nom des substances acidifiés	Par l'oxigène.	Par l'hydrogène.
Soufre...	Acide sulfurique.	Acide hydrosulfurique
Chlore...	— chlorique:	— hydrochlorique.
Iode	— idiodique.	— hydriodique.
Sélénium	— sélénique.	— hydrosélénique.

Ces acides jouissent de propriétés différentes, et donnent des sels qui ont des caractères particuliers.

Oxacides.

Cette classe est divisée en acides métalliques et non métalliques ; ces derniers sont au nombre de six, ce sont les acides

arsenique,   protomolybdique,
chrômique,   deutomolybdique,
colombique,   tungstique.

L'acide arsenique est solide, blanc, déliquescent, très soluble dans l'eau, incristallisable, et passe à l'état de deutoxide à une température élevée.

L'acide chrômique. Couleur d'un rouge pourpre assez beau, soluble dans l'eau, à laquelle il communique sa couleur, cristallisant en prismes à quatre pans, et se convertissant en oxide par le calorique.

Acide tungstique. Couleur jaune; le calorique le ramène à l'état d'oxide bleu et ensuite au brun.

Les acides *colombique* et *molybdique* n'offrent presque aucun intérêt. Composition :

Acides.

Arsenique.	Chrômique.	Tungstique.
Arsenic.. 100,	Chrôme. 100,	Tungstène. 100
Oxigène.. 53,14	85,26	25

Oxacides non métalliques.

Ces acides, formés par une seule base, sont au nombre de dix-huit; ce sont les acides

borique,
carbonique,
chlorique,
perchlorique,
fluorique,

iodique,
4 avec le phosphore,
sélénique,
4 avec le soufre,
3 avec l'azote.

Nous allons faire connaître les principaux de ces acides, ou bien ceux qui sont le plus répandus dans la nature ou plus généralement appliqués aux arts.

Acide borique, découvert en 1702 par Homberg, qui lui donna le nom de *sel sédatif, sel narcotique, volatil de vitriol*. On le trouve en dissolution dans quelques lacs de la Toscane. Cet acide est solide, en petites lames minces, d'un aspect argentin, inodore, acidule, et ayant une pointe d'amertume à laquelle succède une saveur sucrée, dégageant une odeur de musc quand on verse de l'acide sulfurique dessus, peu soluble dans l'eau, se fondant sans se volatiliser, et indécomposable par les combustibles, autres que le potassium et le sodium; il est composé de

Bore.... 25,83
Oxigène. 74,17
————
100,00

Dans les laboratoires de chimie on l'emploie pour l'analyse de quelques pierres

Acide carbonique, connu, avant la nouvelle nomenclature chimique, sous les noms *d'air fixe, acide aérien, acide calcaire, acide méphitique, acide crayeux*. Cet acide est gazeux, incolore, saveur acide, plus pesant que l'air, rougit la plupart des couleurs bleues végétales, éteint les corps en combustion, asphyxie les animaux, soluble dans l'eau, qui, à 15°, en dissout son volume, et sous une forte pression peut en absorber six fois plus; il est inaltérable par le calorique et décomposable par le fluide électrique, qui le convertit en oxigène et en oxide de carbone.

Cet acide se trouve dans la nature sous trois états; à celui de gaz il entre pour 0,001 dans l'air atmosphérique : il existe aussi dans quelques cavités ou grottes, telles que celle du *chien à Naples*, etc.; il est en dissolution dans plusieurs eaux minérales, etc.; enfin, uni à la chaux, il constitue les pierres calcaires, les marbres, les craies, les albâtres calcaires, etc. Cet acide est composé d'un volume d'oxigène et d'un volume de vapeur de carbone, réduis, ou condensés en un volume, ou bien

Carbone.	27,67
Oxigène.	72,33
	100,00

Acide chlorique.

Cet acide est liquide, inodore, incolore, très acide, rougissant et décolorant ensuite l'infusion de tournesol.

Acide chlorique oxigéné.

Il est également liquide, incolore, inodore,

saveur faible et rougissant la teinture de tournesol sans en détruire la couleur.

M. Julia-Fontenelle, dans sa *Chimie médicale*, a nommé le premier *acide protochlorique*, et le second, *perchlorique*. Ces dénominations nous paraissent plus exactes : ces deux acides sont composés de

Acide chlorique.	*Perchlorique.*
Chlore.. 100,	100,
Oxigène. 111,68	155,77

Acide fluorique.

Plusieurs chimistes, à la tête desquels se trouve M. Davy, le regardent comme un composé de phthore et d'hydrogène, tandis que d'autres soutiennent, avec M. Thenard, qu'il est formé par l'oxigène. Cet acide est liquide, blanc, fumant, très odorant, saveur très vive, très corrosif, attaquant le verre avec la plus grande énergie, ce qui le fait employer pour la gravure sur verre ; cet acide se trouve dans la nature uni à la chaux et formant le spath-fluor ou fluate calcaire.

Acide iodique.

Découvert par M. Gay-Lussac, solide, inodore, blanc, très caustique, détruisant les couleurs bleues végétales après les avoir rougies ; il est composé de

Iode..... 100,
Oxigène . 3,2

Acide nitrique.

L'azote, en se combinant avec l'oxigène, est susceptible de former trois acides, qui ont été nommés acides *nitreux*, *nitrique* et *pernitreux*. M. Julia-Fontenelle les a nommés acides *protonitrique*, *deutonitrique* et *pernitrique*. Nous allons nous occuper du second, qui est le seul employé dans les arts.

Cet acide, décrit dans les anciens ouvrages sous le nom d'*eau forte*, *esprit de nitre*, *acide de nitre*, *acide azotique*, etc., fut découvert en 1225 par l'alchimiste Raymond-Lulle; il est liquide, incolore, transparent, odeur très forte, ayant de l'analogie avec la rouille, répandant des vapeurs blanches, brûlant et désorganisant les substances végétales et animales. L'acide nitrique rougit la teinture de tournesol, se congèle à 50°, entre en ébullition depuis 86' jusqu'au 35 cent., suivant son degré de concentration; la lumière le décompose en partie; il s'en dégage de l'oxigène, et l'acide nitreux qui se produit se dissout dans l'acide nitrique; l'air ni l'oxigène ne l'attaquent; il se dissout dans l'eau en toutes proportions; il détermine les combustions de charbon en poudre bien sec; il exerce une action très vive sur les métaux, qu'il oxide en s'unissant avec presque tous. Cet acide est très employé dans les arts; uni à l'acide hydro-chlorique (esprit de sel), il forme l'eau régale. Composition :

Acide nitreux.	Nitrique.	Pernitreux.
Azote... 43,90	35,40	100
Oxigène. 100,	100,	150

Acide phosphorique.

Le phosphore, par ses combinaisons avec l'oxigène, constitue quatre acides, qui sont : les acides *hypophosphoreux*, *phosphoreux*, *phosphatique* et *phosphorique*, que M. Julia-Fontenelle a nommés *proto*, *deuto*, *trito* et *perphosphorique* ; ces dénominations nous paraissent plus claires.

Le dernier de ces acides est le seul employé. Il fut découvert par Margraaff ; il est solide, inodore, incolore, plus pesant que l'eau et soluble dans ce liquide, rougit les couleurs bleues végétales, se fond par l'action du calorique, se vitrifie ; et, à une température très élevée, se volatilise ; il attire l'humidité de l'air ; à un degré de calorique supérieur, le charbon le décompose, et les nouveaux produits sont de l'oxide de carbone, de l'acide carbonique et du phosphore. Cet acide se trouve dans la nature uni à la chaux ; en cet état il constitue, en grande partie, la charpente osseuse de l'homme et des animaux, ainsi que des mamelons de montagnes de l'estramadure en Espagne, etc. Cet acide est employé dans les laboratoires de chimie pour l'analyse des pierres précieuses. Composition :

Acide hypophosphoreux.	Phosphoreux.	Phosphatique.	Phosphorique.
Phosphore. 100,	100,	100,	100,
Oxigène... 37,44	74,88	112,38	124,80

Acide sélénique.

Il est en petits grains ou en aiguilles prismatiques étoilées, très acide, volatil, attirant l'humidité de l'air, et très soluble dans l'eau et l'alcool ; il est composé de

Sélénium. 100,
Oxigène.. 40,33

Acide sulfurique.

Quatre acides différens sont le produit de l'union du soufre avec l'oxigène : ce sont les acides *hyposulfureux*, *sulfureux*, *hyposulfurique* et *sulfurique*, et, suivant M. Julia-Fontenelle, *proto*, *deuto*, *trito* et *persulfurique*. Le dernier sera seul l'objet de notre examen.

L'acide sulfurique est l'un des plus importans pour les arts ; Basile Valentin est le premier alchimiste qui l'ait décrit, dans le quinzième siècle, sous le nom d'*huile de vitriol*. Cet acide est inodore et incolore, d'une consistance oléagineuse, très acide et très caustique ; il désorganise presque toutes les substances végétales et animales, prend une forme cristalline à 10 ou 12—0 quand il est concentré, tandis que s'il est étendu d'eau il se congèle difficilement ; à l'état de concentration il bout à 326° ; ce qui le rend aisé à concentrer par le calorique : son poids spécifique est de 1,830, ce qui équivaut à 66° de l'aréomètre de Baumé. Soumis à l'action de la pile galvanique il est décomposé ; le soufre passe au pôle négatif et l'oxigène au positif. L'acide sulfurique attire l'humidité de l'air, il s'unit à l'eau en toutes proportions avec un dégagement de calorique tel qu'un mélange de quatre parties de cet acide, sur une d'eau, élève la température à 105°. Si l'on emploie de la glace au lieu d'eau, cette élévation n'est que de 50°, et si les proportions de la glace sont de quatre, sur une d'acide, il se produit un abaissement de température de 20° au-dessous de 0. Cet acide a été trouvé à l'état natif et cristallisé par Baldassini, dans une grotte du mont *Ammiata*, et à l'état liquide dans certains lacs volcaniques. Dolomieu, Tournefort, de Humboldt, Rivero, Silliman l'ont également trouvé sur l'Etna, dans l'île de Nio, dans les eaux du Rio-Vinagre, dans un lac de l'île de Java, etc.

L'acide sulfurique est un de ceux qui sont le plus employés dans les arts. On le prépare en grand en brûlant dans de grandes chambres de plomb, dix parties de soufre, sur une de nitrate de potasse, et en n'employant qu'un demi-kilogramme de soufre pour chaque cent pieds cubes de l'air qui est contenu dans la chambre, etc. Composition :

Acide hyposulfureux.	*Sulfureux.*	*Hyposulfurique.*	*Sulfurique.*
Soufre... 100	100,	100	100,
Oxigène . 50	97,63	125	146,43

Hydracides.

Acides formés par l'union d'un corps simple

avec l'hydrogène, ils sont au nombre de quatre :

L'acide hydro-sulfurique, formé par le soufre et l'hydrogène.

L'acide hydro-sélénique, formé par le sélénium et l'hydrogène.

L'acide hydriodique, formé par l'iode et l'hydrogène.

L'acide hydro-chlorique, formé par le chlore et l'hydrogène.

Les acides hydro-cyanique et hydro-xanthique, sont des composés qui appartiennent aux substances animales et végétales.

Les quatre premiers acides ne présentent qu'un intérêt secondaire, sous le rapport des arts, nous allons donc borner notre examen au quatrième.

Acide hydro-chlorique.

Cet acide a été connu sous le nom d'*esprit de sel*, d'*acide marin* et d'*acide muriatique*; il fut découvert par Glauber. Il est gazeux, incolore, d'une odeur vive et piquante, d'une saveur acide, répandant des vapeurs blanches par le contact de l'air. L'acide hydro-chlorique rougit la teinture de tournesol; privé d'eau et soumis à une forte pression, et à une basse température, il se liquéfie : par un froid de 50° il se liquéfie également. Les métaux qui jouissent d'une grande affinité pour le chlore le décomposent et se convertissent en chlorures; la solubilité de cet acide dans l'eau est telle qu'une partie de ce liquide, à 20° et sous une pression de 76°, en dissout plus de 463 fois son volume. Cet acide est composé, en poids, de

Chlore..... 36
Hydrogène. 1

Acide hydro-chloro-nitrique.

Tel est le nom que l'on donne à *l'acide nitro-muriatique* jadis *eau régale*. Cet acide est produit par le mélange de l'acide nitrique avec l'acide hydro-chlorique. Dans cette union il se produit une réaction partielle : il y a un peu d'hydracide, décomposé, lequel s'unit à l'oxigène d'une portion de l'acide nitrique. Les produits sont de l'eau, du chlore dont une partie se dégage, tandis que l'autre se dissout dans la liqueur avec l'acide nitreux qui a été formé par la désoxigénation d'une portion d'acide nitrique.

Cet acide, avons-nous dit, porte le nom d'eau régale; il est jaune et jouit de la propriété de dissoudre l'or et le platine.

CHAPITRE VI.

DES SELS.

Nous avons déjà dit que les sels étaient produits par l'union des bases salifiables avec les acides. Parmi ces derniers il en est qui peuvent s'unir avec plus d'une base ; on les appelle *sels triples* quand ils en ont deux. Quant aux proportions des acides dans les sels, elles sont variables. Si aucun des principes constituans ne manifeste ses propriétés, et que la saturation, par conséquent, soit complète, les sels sont *neutres* ; s'il y a excès d'acide ou de base, dans le premier cas, on les nomme *sels acides* ou *sur-sels*, et, dans le second, *sous-sels*.

Les sels neutres ne changent point la couleur des violettes.

Les sels acides la rougissent.

Les sous-sels la verdissent.

Nous n'exposerons point ici la théorie de la combinaison des oxides avec les acides, ni les lois constantes de composition qui y président, nous renvoyons pour cela aux ouvrages de chimie *ex professo*, où l'on trouvera également l'exposé des propriétés générales des substances salines ; de telles recherches nous éloigneraient un peu trop de notre but ; nous nous contenterons de faire connaître la plupart des sels utiles dans les arts.

DES BORATES.

Cette classe de sels est le produit de l'union de l'acide borique avec les bases salifiables ; le seul employé est le suivant.

Borax.

Sous-borate de soude, Chrysocolle, ou Tinkal des Indiens.

C'est un des sels les plus anciennement connus, puisque l'arabe Gebert en a fait mention dans le neuvième siècle. Primitivement il provenait de l'Inde ; on le fabrique à présent de toutes parts en combinant l'acide borique, qui vient de la Toscane, avec le sous-carbonate de soude.

Le borax pur et raffiné est blanc, efflorescent, d'un goût alcalin, verdit l'infusion de violettes, éprouve la fusion aqueuse, se dessèche, se fond de nouveau et se vitrifie ; il cristallise en gros prismes hexaèdres, et se dissout très facilement dans l'eau. Cette solution est décomposée par l'eau de chaux ; il se produit un borate calcaire qui se précipite à cause de son insolubilité, et qui donne, par l'action du calorique, un verre demi-transparent.

Le sous-borate de soude est employé, tant pour souder l'or que comme fondant, dans les essais minéralogiques, dans les essais au chalumeau, dans une couverte anglaise pour la porcelaine, pour préparer l'acide borique, etc.

ARSÉNIATES.

Sels formés par l'acide arsenique et les bases salifiables. On trouve dans la nature les arséniates de cobalt, de cuivre, de fer et de nickel.

Le plus employé des arséniates est celui de potasse.

Sur-arséniate de potasse.

Ce sel a été découvert par Macquer, qui lui donna son nom. A l'état de saturation complète ou bien à l'état neutre, il verdit le sirop de violettes, mais il ne cristallise que lorsqu'il est avec excès d'acide ou de sur-sel. En cet état il est en prismes tétraèdres à sommets à quatre pans; exposé à l'action du calorique, il se fond et passe à l'état de sel neutre. Ce sel est très soluble dans l'eau, et sert à préparer le vert de Schéele, comme nous l'avons fait connaître précédemment.

CARBONATES.

Ce genre de sels est dû à la combinaison de l'acide carbonique avec les bases. Il est très abondamment répandu dans la nature, il constitue une partie des montagnes du globe, ainsi que les pierres calcaires, les marbres, certains albâtres, etc., à l'exception des carbonates de barite, de lithine, de potasse et de soude, ils sont tous décomposés par le calorique; les quatre précités ne le sont que par l'addition du charbon. Nous allons faire connaître les carbonates les plus usités.

Sous-carbonate de chaux.

Ce sel forme les montagnes calcaires, les craies, les marbres, les albâtres, etc. On le trouve aussi sous diverses formes cristallines, dont les variétés se portent à plus de 600; ils sont ou incolores ou colorés par des oxides métalliques: on les distingue des cristaux de quartz en ce que ceux-ci font feu au briquet et ne font point effervescence avec les acides; tandis que les sous-carbonates de chaux ne font pas feu au briquet, font effervescence avec les acides, s'y dissolvent et sont précipités en blanc de ces dissolutions, par l'acide oxalique, ou mieux par l'oxalate d'ammoniaque.

Le sous-carbonate de chaux est insoluble dans l'eau; exposé à l'action du calorique, il perd son acide carbonique et passe à l'état de chaux vive.

Craie. Les roches de craie s'élèvent en monticules arrondis et de peu d'élévation, elles sont stratiformes; on en trouve sur un grand nombre de points en France, et principalement près de Rouen. Ce carbonate calcaire est quelquefois d'un blanc jaunâtre, et plus souvent d'un très beau blanc, ou grisâtre; sa cassure est terreuse, fine, sans aucun poli; la craie est très tendre, maigre, rude au toucher, tachante et écrivante, happant un peu à la langue, et faisant effervescence avec les acides. Elle contient un peu de silice, quelquefois de magnésie et 0,02 d'argile.

Sous-carbonate de fer.

On trouve deux variétés de ce sel à l'état natif: ce sont le *fer argileux commun* et le *fer spathique*. On peut, avec ce dernier, fabriquer l'acier. On obtient ce sous-carbonate en exposant de la limaille de fer, entretenue humide, au contact de l'air. Dans cette opération l'eau est décomposée, le fer s'oxide, aux dépens de son oxigène, et absorbe l'acide carbonique de l'air, c'est le *safran de Mars astringent* des pharmaciens.

Sous-carbonate de potasse.

Potasse du commerce, Cendres gravelées, Salin, Sel d'absinthe, Sel de centaurée, Sel de chardon-bénit, etc.

C'est sous ces diverses dénominations qu'on désigne la potasse; on l'extrait des cendres des végétaux, qui croissent loin des bords de la mer et des lieux saumâtres, en les lessivant, évaporant cette lessive à siccité et calcinant fortement le produit.

La potasse est solide, blanche, déliquescente, et par conséquent soluble dans l'eau; saveur âcre, caustique; verdissant la plupart des couleurs bleues végétales, etc.: elle est très employée dans les arts, principalement pour les savons, le verre, la teinture, la fabrication de l'alun, du salpêtre, etc.

Sous-carbonate de soude.

Craie de soude, Méphite de soude, Alcali minéral, Sel de soude.

On trouve ce sel en grande quantité dans plusieurs lacs de l'Egypte, de la Hongrie, du

Mexique, etc., dans les eaux de mer et de quelques sources minérales, en efflorescence dans le Delta et l'étang salin, ainsi que MM. Berthollet et Julia-Fontenelle l'ont démontré, etc. On l'extrait des cendres des salsolas et des plantes marines, de la même manière que la potasse, et dans les fabriques, par la décomposition du sulfate de soude, par le charbon et la chaux : celui qu'on extrait des lacs porte le nom de *natron* ; le sous-carbonate de soude pur est cristallisé en octaèdres obliquangles ou rhomboïdaux, lesquels sont parfois coupés obliquement par moitié et présentent des lames hexagones, etc. ; ce sel est blanc, transparent, saveur urineuse, très efflorescent et très soluble dans l'eau, verdit le sirop de violettes, etc. ; il est très employé dans les arts.

CHRÔMATES.

Sels formés par l'acide chrômique et les bases salifiables ; dans les fabriques de porcelaine on ne fait usage que du suivant.

Chrômate de plomb.

Plomb rouge de Sibérie, Plomb chrômaté.

Ce sel est très rare ; on ne l'a encore rencontré qu'en Autriche, en Savoie, au Mexique et dans les mines d'or de Bérézof en Silésie. Il est en prismes tétraèdres, terminés quelquefois par des pyramides également tétraèdres ; d'autres fois on le rencontre en prismes rhombordaux simples ou modifiés, etc. : sa couleur la plus ordinaire est le rouge hyacinthe, et celle de sa poudre est le jaune citron.

Cette couleur est employée dans la peinture sur porcelaine et sur toile, etc. Comme tous les autres chrômates sont diversement colorés, il est probable, dit M. Thenard, qu'on en trouvera plusieurs qui pourront être employés avec succès pour obtenir les teintes qu'on chercherait en vain avec d'autres corps.

L'étude des chrômates mérite donc toute l'attention des chimistes.

NITRATES.

Sels formés par l'acide nitrique et les bases salifiables; le suivant est le seul qui soit employé dans les arts.

Nitrate de potasse.
Sel de nitre, Salpêtre raffiné.

On le trouve à l'état natif dans tous les lieux habités. On l'extrait tous les quatre ou cinq ans des terres des bergeries, des écuries, des caves, des magasins à blé, ainsi que des vieux plâtras, etc.; on lessive ces terres, on en précipite les sels calcaires par le sulfate de potasse et la lessive de cendres; quand la liqueur est claire on la fait évaporer dans une grande chaudière, et lorsqu'elle est suffisamment concentrée, on la verse dans des baquets de bois où elle cristallise : c'est ce qu'on appelle *salpêtre de première cuite*. Pour purifier ce sel on l'entasse dans un grand vase, on le recouvre avec un peu de paille surmontée d'argile, on y verse dessus 0,01 d'eau froide, laquelle, en filtrant à travers les sels, dissout et entraîne les sels déliquescens. Par des cristallisations successives on obtient ce sel très pur.

En cet état il est en beaux prismes hexaèdres, transparent, doué d'une saveur fraîche; est inaltérable à l'air, très soluble dans l'eau, fusible à 340°; par le refroidissement il devient dur, translucide, pesant et forme le *cristal minéral;* à une température plus élevée il se décompose avec dégagement d'azote, d'oxigène et d'un peu d'acide nitreux : le résidu est de la potasse pure. Ce sel est très employé dans les arts ainsi qu'en médecine.

PHOSPHATES.

Sels résultant de l'union de l'acide phosphorique avec les bases salifiables. Dans les arts, ils ne sont point usités; le phosphate de soude est le seul employé dans les essais minéralogiques, comme fondant et comme réactif.

Ce sel, ayant un excès de base, est un peu salé, très soluble dans l'eau, cristallise en rhombes, efflorescent et verdissant le sirop de violettes; il contient la moitié de son poids d'eau de cristallisation.

SULFATES.

Sels produits par l'acide sulfurique uni aux bases salifiables. Cette classe de sels est très étendue, et s'applique en grande partie aux arts ou à la médecine. Nous allons faire connaître les principaux.

Sulfate de chaux.

Gypse, Pierre à plâtre, Plâtre, Sélénite, Chaux sulfatée, etc.

Ce sel appartient généralement aux terrains tertiaires, ainsi qu'aux sommets des secondaires, où il existe en grandes couches, dans lesquelles se trouvent interposées des bases calcaires. Dans les terrains tertiaires, il est en couches plus ou moins épaisses, coloré en gris bleuâtre, gris blanchâtre, gris jaunâtre ou en rouge, c'est alors le plâtre ordinaire ; d'autres fois il affecte diverses formes cristallines, qui, par leurs variétés, produisent des espèces auxquelles les minéralogistes ont donné les noms de *gypse soyeux*, *gypse lenticulaire*, *gypse lamelleux*, etc. Ce sel existe aussi en dissolution dans diverses eaux qu'il rend impropres à cuire les légumes et à dissoudre le savon.

Le sulfate de chaux est inodore, insipide, soluble dans 460 parties d'eau, décrépite par la chaleur, perd, avec son eau de cristallisation, sa transparence, et se convertit en une poudre blanche ou grisâtre, qui s'unit avec avidité à une grande quantité d'eau qu'il solidifie, sans cependant que la température s'élève sensiblement : c'est ce qu'on appelle *plâtre*.

Le sulfate de chaux constitue une espèce d'albâtre, connu sous le nom *d'albâtre gyp-seux;* le plâtre est très employé : uni à quelques substances colorantes et à la colle-forte, il constitue le *stuc.* Composition :

Acide sulfurique..	33
Chaux.	46
Eau.	21
	100

On trouve aussi dans la nature un *sulfate de chaux anhydre* (Karsténite), qui est formé de

Acide sulfurique..	58
Chaux.	42
	100

Sulfate de cobalt.

Sa couleur est rose ou brunâtre; il est en cristaux obliques rhomboïdaux, ses solutions sont roses, l'alcali volatil y produit un précipité violet : il est composé de

Oxide de cobalt...	39
Acide sulfurique..	20
Eau.	41
	100

Sulfate de cuivre.

Vitriol bleu, Vitriol de Chypre, Couperose bleue, Cuivre vitriolé, Vitriol de cuivre.

En cristaux bleus transparens, irréguliers et quelquefois en octaèdres ou décaèdres, jouissant de la double réfraction, légèrement efflorescent, soluble dans quatre parties d'eau ; l'ammoniaque en précipite l'oxide, qui donne à la liqueur une belle couleur bleue : on l'appelle alors *eau céleste*. Ce sel est employé dans les arts pour la composition des cendres bleues et du vert de Schéele.

Sulfate d'alumine.

Alun.

C'est un des sels les plus anciennement connus; il est inodore, incolore, d'une saveur astringente, rougit la teinture de tournesol, se dissout dans quinze parties d'eau froide, cristallise en beaux octaèdres, qui sont le produit de deux pyramides appliquées l'une à l'autre par deux bases, et qui sont légèrement efflorescens; ces cristaux éprouvent la fusion aqueuse, et à une plus haute température perdent leur eau de cristallisation, deviennent très légers et spongieux : c'est l'*alun calciné* des pharmaciens. Ce sel est très employé dans la teinture. Composition :

Acide sulfurique..	33
Alumine.........	11
Potasse.........	10
Eau............	46

Sulfate de protoxide de fer.

Couperose verte, Vitriol de Mars, Vitriol martial, Vitriol vert.

Ce sel, récemment cristallisé, est inodore,

d'une saveur styptique ; ses cristaux sont en beaux prismes rhomboïdaux, d'un beau vert d'émeraude, transparens, rougissant le tournesol, s'effleurissant à l'air en absorbant l'oxigène, se convertissant à leur surface en tritoxide de fer. Cet effet a également lieu lorsqu'on expose à l'air une solution de ce sel ; il se forme alors un sous-sulfate de tritoxide de fer qui se précipite ; neuf parties d'eau bouillante dissolvent douze parties de sulfate de protoxide de fer.

Colcothar ou rouge d'Angleterre.

Cette couleur rouge, qui est assez employée, se prépare le plus généralement en soumettant le protosulfate de fer du commerce (couperose verte) à l'action d'une haute température, dans un bon creuset. Dans cette opération l'acide sulfurique est décomposé et converti en acide sulfureux qui se dégage, tandis que son oxigène se porte sur le protoxide de fer, et le convertit en tritoxide, qui est rouge.

Composition du sulfate de fer.

Protoxide de fer...	28,3
Acide sulfurique...	28,9
Eau...............	45,
	102,2

Sulfate de soude.
Sel admirable de Glauber.

Ce sel existe dans les eaux de mer et de plusieurs sources minérales, dans les plantes marines, etc.; il est incolore, inodore, très amer, en beaux prismes hexaèdres terminés par des sommets dièdres ; il est si soluble dans l'eau, que, par le simple refroidissement, l'on obtient des cristallisations magnifiques. Ce sel est très efflorescent, il contient plus de la moitié de son poids d'eau de cristallisation ; il est composé de

Acide sulfurique.. 100,
Soude........... 78,187

Ce sel est employé pour la fabrication des sous-carbonates de soude, du vinaigre de bois, etc.

Le sulfate de potasse sert à la fabrication de l'alun, à celle du salpêtre, etc.

Sels formés par les hydracides.

Parmi les sels formés par les hydracides, les hydro-chlorates sont les seuls qui ont un rapport plus direct avec cet ouvrage ; ce seront aussi les seuls dont nous nous occuperons.

Hydro-chlorates.

Lors de la création de la nouvelle nomenclature chimique, on donna le nom de muriates à ce genre de sels ; leur histoire est si liée à celle des chlorures, qu'il est bien des chimistes qui les confondent et qui regardent comme des hydro-chlorates les sels que d'autres classent parmi les chlorures ; il faut d'ailleurs peu de chose pour opérer cette conversion, comme nous le ferons connaître au sujet de celui de soude. Nous allons examiner les principaux.

Hydro-chlorate de protoxide d'étain.

Plusieurs chimistes croient que, lorsqu'il est cristallisé, il est à l'état de chlorure. Ce sel est blanc, soluble dans l'eau, rougit la teinture de violettes; sa solution exposée au contact de l'air dépose un précipité blanc que l'on croit être un deutochlorure de ce métal et de deutoxide d'étain. On obtient ce sel en faisant agir jusqu'à saturation l'acide hydro-chlorique sur de l'étain bien pur et en limaille. Il est employé pour la préparation du pourpre de Cassius. On prépare aussi un hydro-chlorate de deutoxide d'étain et un chlorure de cet oxide.

Hydro-chlorate d'or.

On prépare ce sel, ainsi que nous l'avons dit ailleurs, en soumettant de l'or pur à l'action de l'acide hydro-chloro-nitrique (eau régale). Ce sel est en aiguilles prismatiques tétraèdres ou bien en octaèdres tronqués; il est de couleur jaune, d'une saveur astringente et styptique, rougit la teinture de tournesol, teint la peau en pourpre, attire l'humidité de l'air, est très soluble dans l'eau; le calorique le décompose et le convertit d'abord en chlorure avec formation d'eau; à une plus haute température l'or est réduit. Le sulfate de protoxide de fer versé dans la solution de ce sel, le décompose, et le précipité obtenu reprend, par le frottement, l'éclat métallique ; l'hydro-chlorate de protoxide d'étain concentré, versé dans une solution également concentrée de ce sel, donne ce précipité dont nous avons déjà parlé sous le nom de *pourpre de Cassius*.

L'hydro-chlorate d'or est également employé pour obtenir l'argent très divisé.

Hydro-chlorate de cobalt.

Ce sel cristallise difficilement ; il est un peu déliquescent et très soluble dans l'eau ; sa dissolution chaude et concentrée est bleue ; elle est rose quand elle est étendue d'eau, quelle que soit d'ailleurs sa température. Cette dissolution est une des encres de sympathie des plus curieuses ; en effet, si on l'étend d'assez d'eau pour qu'elle n'ait qu'une teinte rose et qu'on écrive avec cette liqueur sur du papier, quand cette écriture est sèche elle est invisible ; si l'on présente le papier à la chaleur, les caractères paraissent en bleu, disparaissent par le refroidissement, et reparaissent toutes les fois qu'on le présente au feu. Ce double effet est dû à ce que, par l'action du calorique, le sel qui a formé les caractères, se concentrant, devient bleu, et qu'ensuite en se refroidissant il attire l'humidité de l'air et se décolore.

Hydro-chlorate de soude.

Sel marin, Sel de cuisine, Muriate de soude, Sel gemme.

Ce sel n'est considéré comme un hydro-chlorate qu'à l'état liquide ; à l'état solide il est regardé comme un chlorure. Ce sel existe en très grande quantité dans les eaux de mer et de diverses sources salées ou minérales ; on le trouve aussi dans le sein de la terre, en couches considérables : il porte alors le nom de *sel gemme*, et est blanc ou bien grisâtre ou rougeâtre, brun, violet, jaune, vert, etc. Dans le midi de la France on l'extrait des marais salans de *Cette*, *Agde*, *Peccais*, *Narbonne*, *Sigean*, *Estarac*, *Peyriac*, etc. Ce sel cristallise en cubes réguliers ou tronqués sur les angles solides, ou modifiés par deux facettes sur les bords ; il a une saveur salée, décrépite au feu, entre en fusion un peu au-dessous de la chaleur rouge ; 100 parties d'eau en dissolvent 35 p. ; 8₁ à 13°, 89.

Le protoxide de plomb, avec l'intermède de l'eau, décompose le sel marin ; les proportions sont de sept à huit de protoxide sur une de sel. Les diverses propriétés de l'hydro-chlorate de soude sont trop connues pour avoir à nous en entretenir plus long-temps ; nous nous contenterons de dire qu'on l'emploie comme couverte ou vernis sur certaines poteries. Dans ce cas on doit choisir le plus blanc comme étant le plus pur. Celui qui est coloré doit sa couleur aux oxides de fer et de manganèse.

CHAPITRE VII.

DES ÉMAUX.

Le chapitre des émaux ne pouvant entrer dans celui des couleurs, parce qu'il sort presque tout entier des fabrications qui nous occupent, nous nous bornerons au peu de mots que nous allons tracer sur ce chapitre, et à indiquer les auteurs qu'on peut consulter, en faisant observer cependant, que le *Traité de l'Émailleur* n'a en partie rapport qu'aux émaux appliqués sur les métaux.

Il y a deux sortes d'émaux; les émaux transparens et les émaux opaques. Les premiers sont des verres à base de plomb, ordinairement colorés par l'un des oxides dont nous avons parlé précédemment (l'oxide de plomb, deuto).

Les seconds ne diffèrent des premiers qu'en ce qu'ils contiennent en outre de l'oxide d'étain; ils sont tantôt blancs, tantôt colorés.

Pour obtenir l'émail blanc, il faut, suivant M. Clouet, calciner 100 parties de plomb avec 15, 20, 30 et 40 parties d'étain, jusqu'à ce que le tout soit entièrement oxidé, ce qui ne tarde pas à avoir lieu; prendre ensuite 100 parties de l'oxide, ou de la calcine ainsi formée, 25 à 30 parties de sel marin (chlorure de sodium), et 100 parties de sable contenant le quart de son poids de talc; faire un mélange de ces diverses matières et le faire fondre dans un four à faïence. Le résultat de cette fusion est l'émail blanc, qu'on pourra rendre d'autant plus fusible qu'on y ajoutera plus d'oxide de plomb.

Les émaux s'appliquent par la fusion sur les métaux et les poteries, etc. On n'émaille guère que l'or, l'argent et le cuivre; l'émail blanc est le vernis dont on recouvre la faïence. Les autres émaux seront traités à mesure que nous traiterons les fabrications qui nous occupent. (*Voir*, pour les détails du chapitre des *Émaux*, les ouvrages de MM. Neri et de Kunckel; l'*Art de l'Émailleur*, par M. A. Brongniart; *Annales de Chimie*, t. IX, et le *Mémoire* de M. Clouet, *Annales de Chimie*, n° 34.)

Ces détails sont extraits du *Traité de Chimie* de M. Thenard.

Il est bien reconnu que la base de tous les émaux, est un verre transparent et fusible, et que les oxides d'étain ou la potée le rendent opaque et lui communiquent un beau blanc qui est plus parfait encore par l'addition d'un peu de manganèse. Nous devons ajouter que si l'oxide d'étain n'est pas suffisant pour faire perdre au mélange sa transparence, l'émail, ou si l'on veut le verre, est demi-opaque, et est semblable à l'opale.

L'addition de l'oxide de plomb, d'antimoine ou d'argent (suivant Kunckel) donne un émail jaune; celle des oxides d'or ou rouge de fer le colore en rouge. Il est bon de faire observer que le premier résiste très bien au feu et non le dernier.

Avec l'oxide de cuivre, l'émail est vert.

 —l'oxide de manganèse, — violet.

 —l'oxide de cobalt, — bleu.

 —l'oxide de fer (deuto), — noir.

Le mélange de ces divers émaux, dans des proportions variées, donne d'autres émaux dont les nuances sont très nombreuses; ces combinaisons, ou si l'on veut ces mélanges, dépendent de l'habileté de l'émailleur.

En Angleterre, M. R. Wynn est un de ceux qui se sont occupés avec le plus de succès de la composition des émaux; il a publié une série très curieuse de recettes qui lui a fait décerner un prix (1). Nous allons transcrire les principales.

Les flux de cet habile émailleur sont les suivans :

N° 1.

Plomb rouge...... 8 parties.
Borax calciné..... 1 $\frac{1}{2}$
Flint en poudre.... 2
Flint-glass........ 6

N° 2.

Flint-glass........ 10
Arsenic blanc..... 1
Nitrate de potasse.. 1

---

(1) Voyez *Transactions of the Society of arts.*

nº 3.

Plomb rouge...... 1 p.
Flint-glass........ 3

nº 4.

Plomb rouge...... 9 ½
Borax non calciné, 5 ½
Flint-glass........, 8

nº 5.

Flint-glass........ 6
Flux, nº 2......... 4
Plomb rouge...... 8

Dès que ces flux ont été fondus, on les coule sur une dalle de pierre dure, bien propre, et on les asperge avec une éponge mouillée, ou bien dans une bassine remplie d'eau pure; on les laisse sécher et on les réduit ensuite en poudre dans un mortier de porcelaine-biscuit. Nous allons maintenant donner quelques recettes des émaux de M. Wynn.

Émail brun.

Plomb rouge.... 8 p. ½
Flint en poudre. 4
Manganèse..... 2 ¼

Émail jaune.

Plomb rouge...... 8
Oxide d'antimoine. 1
Oxide d'étain..... 1

Le mélange de ces oxides doit être fait dans un mortier de porcelaine-biscuit; on doit chauffer ensuite graduellement jusqu'au rouge dans la moufle, et sur un morceau de tuile de Hollande. On laisse refroidir le mélange, et l'on en prend une partie que l'on broie dans le mortier de porcelaine avec une partie et demie du flux n° 4. Si l'on varie les proportions du plomb rouge ou de l'oxide d'antimoine, on obtient diverses nuances de couleur.

Émail orangé.

Plomb rouge.................... 12
Sulfate de fer calciné en rouge. 1
Oxide d'antimoine. 4
Flint en poudre. 3

Calcinez comme ci-dessus, sans fusion, et faites fondre une partie de ce mélange avec deux et demie de flux.

Émail rouge obscur.

Sulfate de fer calciné obscur............ 1

Flux, n° 4..... 6 p. ⎫
Tritoxide de fer. 1 ⎬ de ce mélange. 3
                    ⎭

Émail rouge clair.

Sulfate rouge de fer.. 1
Flux, n° 1............ 3
Plomb blanc......... 1 ½

Un des auteurs qui se sont le plus occupés de poterie anglaise, M. Wedgewood, préparait son émail de la manière suivante. Il oxidait d'abord un mélange de 100 parties de plomb et de 15 à 40 d'étain, et les tenant en fusion dans un vase découvert, il prenait ensuite :

Sable fin composé de

Silice...... 3 } 100
Talc........ 1
Oxide, ci-dessus.. 100

Il faisait fondre ce mélange, le pulvérisait et en formait une pâte d'une consistance égale à celle de la crème.

Email jaune de la poterie de Straffordshire.

D'après le docteur Watson, cet émail est un mélange, mis dans un état de consistance avec l'eau, de

Blanc de plomb.. 112
Flint pulvérisé.... 24
Flint-glass....... 6

On trempe le biscuit dans ce mélange liquide et on l'en retire.

Comme le flint-glass entre dans la composition des émaux, nous avons cru devoir en donner la recette.

Flint-glass, ou verre de cristal.

Sable blanc............... 100 p.
Oxide rouge de plomb, de. 80 à 85
Potasse calcinée et aérée, de. 35 à 40
Nitre de première cuite, de. 2 à 3
Oxide de manganèse..... 0 à 06

On fait fondre toutes les matières ensemble, etc.

CHAPITRE VIII.

ESSAIS D'ANALYSE DES MÉTAUX, DES PIERRES ET DES SELS.

DANS un ouvrage théorique et pratique sur la fabrication de la porcelaine et des diverses poteries, nous avons cru qu'il était indispensable d'indiquer les moyens chimiques propres à reconnaître et à distinguer les divers métaux et les diverses terres; on aurait tort d'exiger de nous un travail complet sur un objet qui, traité *ex professo*, exige une grande étendue et une grande habileté dans les expériences chimiques; nous allons donc nous borner à offrir le résumé des essais principaux que l'on peut entreprendre pour parvenir à cette connaissance. Nous nous faisons un plaisir d'avouer que nous devons la plus grande partie de ce que nous allons présenter sur ce sujet à M. Julia-Fontenelle, professeur de chimie, dont le nom dispense de tout éloge.

Analyse des métaux.

On doit d'abord examiner les caractères physiques du métal qu'on se propose d'analyser, ce qui facilite ou abrége beaucoup les expériences.

§. I.

Si le métal qu'on examine jouit de la propriété de décomposer l'eau à la température ordinaire, et produit une effervescence plus ou moins vive, c'est un de ceux de la deuxième section de M. Thenard. Pour établir sa nature on le fait dissoudre dans l'acide hydro-chlorique, et cette dissolution concentrée fait reconnaître que c'est :

1°. Du *potassium* : si elle n'est pas troublée par les solutions des sous-carbonates d'ammoniaque, de potasse et de soude, et qu'elle le soit par celles de platine ou d'alun ;

2°. Du *sodium* : si toutes les solutions salines précitées ne le troublent point, et si le sel obtenu par l'évaporation est sous forme cubique et a un goût salé ;

3°. Du *barium* : si l'acide sulfurique y produit un précipité insoluble dans cet acide, et si elle cristallise en lames carrées insolubles dans l'alcool ;

4°. Du *strontium* : si les aiguilles qu'elle forme par la cristallisation sont solubles dans l'alcool et donnent à la flamme de ce menstrue une couleur purpurine ;

5°. Du *calcium* : si étendue d'eau elle n'est pas précipitée par les sous-carbonates d'ammoniaque, de potasse et de soude, ni par l'acide sulfurique, mais par l'acide oxalique ;

6°. Du *lithium* : 1°. si ces sous-carbonates ne troublent la dissolution qu'à l'état de concentration; 2°. si les acides oxalique et sulfurique, ainsi que les oxalates et les sulfates n'exercent aucune action sur elle; 3°. enfin, si le sel obtenu par l'évaporation de cette dissolution calcinée avec un peu de soude sur une feuille mince de platine attaque ce métal.

Ces mêmes moyens sont propres à faire connaître la nature des oxides alcalins.

§. II.

Si le métal n'exerce aucune action sur l'eau à la température ordinaire, mais qu'il soit susceptible de se dissoudre dans l'acide sulfurique affaibli avec dégagement de gaz hydrogène ; c'est :

1°. Du *cadmium* : si l'ammoniaque, la potasse et la soude y produisent un précipité blanc qui ne change point de couleur par le contact de l'air, et qu'il soit soluble dans le premier de ces alcalis, et non dans les deux autres; enfin si le gaz hydrogène sulfuré produit dans la solution de ce sel un précipité d'un jaune tirant sur l'orangé ;

2°. Du *fer* : si, après l'addition préalable du chlore, la teinture de noix de galle y produit un précipité noir, et les hydro-ferro-cyanates de potasse ou de soude, un précipité d'un beau bleu.

3°. Du *manganèse* : si le précipité que produit la potasse ou la soude, dans cette solution, de blanc qu'il était, passe au brun-marron par son exposition à l'air, et que le précipité soit insoluble dans un excès de ces alcalis ; si les hydro-sulfates alcalins y produisent un précipité blanc ;

4°. Du *zinc* : si le précipité blanc qui y forme les alcalis ne se redissout point quand on en ajoute un excès, et s'il ne change point de couleur par le contact de l'air, et si les hydro-cyanate et hydro-sulfate de potasse y produisent un précipité blanchâtre.

§. III.

Si le métal n'est attaqué à la température ordinaire, ni par l'eau, ni par l'acide sulfurique affaibli, mais bien par l'acide nitrique à toute température, les cinq premiers métaux pourront être reconnus par la couleur de leurs dissolutions, ainsi ce sera,

1°. Du *cobalt* : si elle est rouge-violet ; que le précipité qu'y formeront les alcalis, soit bleu-violet ; celui par les hydro-cyanate de potasse ou de soude, vert ; celui par leurs hydro-sulfates, noir ;

2°. Du *cuivre* : si cette couleur est d'un bleu verdâtre ; si les alcalis y forment un précipité bleu insoluble dans un excès ; si celui, par l'ammoniaque, est blanc-bleuâtre, et soluble dans la liqueur par un excès de cet alcali avec développement d'une belle couleur dite *bleu céleste* ; enfin, si le fer, bien décapé, y prend une couleur de cuivre ;

3°. Du *nickel* : si la couleur est d'un vert d'herbe, et que les alcalis y produisent un précipité de la même couleur, et l'ammoniaque d'un bleu violet;

4°. Du *palladium* : si la couleur est rouge et que le métal soit promptement réduit par l'addition du proto sulfate de fer;

5°. De l'*urane* : si la couleur est jaune et le précipité, par les alcalis, d'une couleur approchante, et si l'hydro-ferro-cyanate de potasse y produit un précipité sanguin.

Quant aux dissolutions dans l'acide nitrique, qui ne sont point colorées, elles annoncent,

1°. L'*argent* : si l'acide hydro-chlorique y forme un précipité blanc, insoluble dans un excès de cet acide, et très soluble dans l'ammoniaque;

2°. L'*arsenic* : quand il est volatil et que, jeté sur le charbon allumé, il répand des vapeurs blanches avec une odeur d'ail;

3°. L'*antimoine* : s'il n'est qu'attaqué, sans être dissous, par l'acide nitrique concentré, et qu'il soit soluble dans l'eau régale, et précipité de cette dissolution en rouge-orangé par l'acide hydro-sulfurique;

4°. Le *bismuth* : si l'eau le précipite en blanc, et l'hydrogène sulfuré en noir;

5°. L'*étain* : s'il n'est qu'attaqué par l'acide nitrique et dissous par l'acide hydro-chlorique, avec dégagement d'hydrogène; si cette dissolution produit, avec celle de l'or, le précipité qui est connu sous le nom de *pourpre de Cassius*;

6°. Le *mercure* : s'il est liquide et passe à la distillation ;

7°. Le *molybdène* : si l'acide nitrique ne le dissout point, mais qu'il le convertisse en une poudre blanche soluble dans l'eau, qui est l'acide molybdique ;

8°. Le *plomb* : si la dissolution a une saveur douceâtre, et qu'elle soit précipitée en noir par l'acide hydro-sulfurique ;

9°. Le *tellure* : s'il est très fusible, très volatil, et qu'il brûle au chalumeau avec une flamme bleue ; si la dissolution nitrique est précipitée en brun-orangé par l'acide hydro-sulfurique (gaz hydrogène sulfuré).

§. IV.

Si le métal n'éprouve aucune altération de la part de l'acide nitrique, mais qu'il soit attaqué et se dissolve dans l'acide hydro-chloro-nitrique, ce sera,

1°. Le *cérium* : s'il est soluble à chaud dans ce dernier acide ; si, après en avoir dégagé, par la chaleur, l'excès d'acide hydro-chlorique, la dissolution est incolore et sucrée ; si les hydro-sulfate et hydro-cyanate de potasse y forment un précipité blanc ;

2°. L'*or* : si l'hydro-chlorate de protoxide d'étain y produit un précipité pourpre ou violet, et le proto-sulfate de fer un précipité brun-jaunâtre qui, par la calcination, prend l'aspect de l'or mat, etc. ;

3°. L'*osmium* : si cette dissolution prend,

par l'addition de la teinture aqueuse des noix de galle, une couleur bleue.

4°. Le *platine* : si la dissolution est d'un jaune tirant sur l'orangé ; si elle n'éprouve aucun effet visible de l'hydro-chlorate d'étain ou du protosulfate de fer ; si les sels ammoniacaux et ceux de potasse y produisent des précipités jaunes, plus ou moins solubles dans l'eau, etc. ;

Le *tungstène* : si, après avoir été calciné avec le nitrate de potasse, le produit est en partie soluble dans l'eau, et que cette solution soit incolore, et que l'acide nitrique, bouillant et en excès, le fasse passer à l'état acide.

§. V.

Si ce métal est inattaquable par les agens précités, c'est,

1°. Le *chrôme* : si le produit que l'on obtient en le calcinant pendant une demi-heure avec le nitrate de potasse est jaune, et qu'il communique cette couleur à l'eau, et si cette dissolution, après avoir été neutralisée par l'acide nitrique, forme

Un précipité jaune vif, dans l'acétate de plomb.
  —   pourpre, dans le nitrate d'argent.
  —   rouge, dans le nitrate acide de mercure.

2°. Le *columbium* : si, en le calcinant avec le nitrate de potasse, on en sépare par l'acide nitrique affaibli de l'acide columbique ;

3°. L'*iridium* : si l'eau régale ne l'attaque

presque pas, et que, par sa calcination avec le nitrate de potasse, il donne un produit noir qui communique à l'eau une couleur bleue ;

4°. Le *rhodium* : s'il est infusible même au chalumeau à gaz oxigène ; si, après avoir été calciné avec le nitrate de potasse, le produit lavé se dissout dans l'acide hydro-chlorique, et lui donne une couleur rouge ;

5°. Le *titane* : si la couleur rouge cuivreuse passe au bleu par sa calcination avec le contact de l'air, etc. ;

On peut, par les mêmes procédés, reconnaître les oxides de ces métaux.

Analyse des pierres.

Les pierres, ainsi que les terres qui en sont des débris, sont composées quelquefois d'un, mais généralement de plusieurs oxides ; il arrive aussi qu'elles sont unies à des substances combustibles, à des acides et à des sels.

En général, les pierres sont composées d'alumine, de chaux, de magnésie, de silice et des oxides de fer et de manganèse en combinaison binaire, ternaire, quaternaire, etc. Il en est quelques unes, mais c'est le très petit nombre, qui comptent, parmi leurs principes constituans, la potasse, la soude, la glucine, la zircone, l'yttria, l'oxide de chrôme, et même la barite, l'oxide de nickel, etc.

De tous les oxides, ceux qui entrent le plus souvent et en plus grande quantité dans la composition des pierres, sont la silice et l'alumine; la chaux vient après; la silice y est en combinaison saline, et donne lieu à des silicates simples ou multiples : on croit que l'alumine jouit de cette même propriété.

Comme presque toutes les pierres ont une assez grande cohésion ou dureté pour être inattaquables par les acides hydro-chlorique, nitrique et sulfurique, on devra les réduire en poudre très fine, en les broyant dans un mortier d'agate ; si elles sont trop dures pour pouvoir être broyées, on les fera rougir, et on les plongera dans l'eau, ce qui rendra pour lors cette pulvérisation beaucoup plus facile. Ce préliminaire rempli, on mêle dix grammes de cette poudre avec trente grammes d'hydrate de potasse ou de soude, et on soumet ce mélange dans un creuset de platine, surmonté de son couvercle, à une chaleur rouge, jusqu'à ce qu'il soit ou fondu ou du moins à l'état pâteux, ce qui exige de trois quarts d'heure à une heure. Lorsque le tout est refroidi, on y verse de l'eau bouillante à plusieurs reprises, et l'on décante chaque fois dans une capsule en ayant soin de ne rien perdre. Lorsqu'il ne restera plus rien dans le creuset, on placera la capsule sur le feu et on y versera peu à peu de l'acide hydro-chlorique, en remuant la matière avec une spatule de verre jusqu'à ce que la dissolution soit complète. Par l'évaporation, on dégagera l'excès de cet acide, et lorsque la liqueur sera parvenue à l'état pâteux, par une douce évaporation, l'hydro-chlorate de silice se décomposera et cet oxide se précipitera. On l'obtiendra séparément, et on en déterminera la quantité, en délayant le résidu de cette évaporation dans dix fois son volume d'eau distillée portée à l'ébullition et filtrant. La silice lavée et séchée est mise à part. On réunit les eaux de lavage de la silice à la liqueur; on fait bouillir le précipité humide avec de la potasse préparée à l'alcool, qui dissout l'alumine sans toucher à l'oxide de fer; pour l'en séparer, on filtre, on le lave et on le fait sécher; on précipite l'alumine de son union avec la potasse par l'hydro-chlorate d'ammoniaque, on filtre, on lave et on la fait sécher.

On traite ensuite la liqueur, d'où l'on a précipité l'alumine et l'oxide de fer, par l'oxalate d'ammoniaque; le précipité obtenu est de l'oxalate de chaux, qui, lavé et calciné, donne pour résidu de la chaux pure. Il est aisé de voir qu'en pesant ces divers principes, on obtient exactement la somme totale de matière employée, si l'opération a été bien faite. Il peut arriver qu'une pierre contienne de l'eau; on doit alors la peser bien exactement, la faire chauffer quelque temps et la peser ensuite. La chaux peut aussi exister dans la pierre analysée à l'état de carbonate; on s'en assure en traitant la poudre de cette pierre par un acide, en observant s'il y produit une effervescence bien sensible. Dans ce cas, par le poids de la chaux, on connaît celui de l'acide carbonique, puisqu'on sait qu'il faut 44 de cet acide pour saturer 56 de chaux. Nous donnons ici une analyse simple, afin de pouvoir être compris de tout le monde ; nous nous sommes, d'ailleurs, attaché à présenter, dans cet exemple, les matériaux qu'on trouve dans le plus grand nombre de pierres. Si nous eussions voulu retracer les moyens propres à reconnaître tous ceux qui ne s'y trouvent que rarement, il nous eût fallu présenter un travail *ex professo*. Nous renvoyons nos lecteurs aux divers traités de docimasie et à l'ouvrage précité de M. Thenard.

Il est évident que les terres n'étant que des débris pierreux, cette même analyse leur est applicable ; il en est qui contiennent des substances salines, solubles ; on doit alors les lessiver, etc.

Essai d'analyse des sels.

On trouve dans la nature un grand nombre de substances salines ; celles qui sont le plus abondantes sont le *carbonate calcaire*, le *sulfate de chaux* et l'*hydro-chlorate de soude*. Nous allons exposer quelques moyens propres à reconnaître à quelle famille appartiennent les principaux sels naturels : nous les diviserons en deux classes :

1°. SELS FAISANT EFFERVESCENCE AVEC L'ACIDE SULFURIQUE.

Carbonates.

Le gaz qui s'en dégage est incolore, ne trouble point la transparence de l'air, a une odeur piquante, est très soluble dans l'eau, lui communique une saveur acidule, rougit la teinture de tournesol, précipite l'eau de chaux. Tous les carbonates abandonnent l'acide carbonique, à une température plus ou moins élevée, et l'oxide reste à nu, à l'exception des carbonates de barite, de lithine, de potasse et de soude, qui ne sont décomposés qu'à l'aide du charbon, ou en les mettant en contact avec l'eau en vapeur dans un tube de porcelaine porté au rouge blanc.

Hydro-chlorates.

Par l'action de l'acide sulfurique, on dégage un gaz qui est en vapeur blanche dans l'air, soluble dans 0,01 de son volume d'eau ; cette dissolution produit, dans le nitrate d'argent, un précipité qui se redissout par l'ammoniaque. Les hydro-chlorates ou muriates sont généralement très solubles dans l'eau ; ceux de soude ont une saveur salée ; celui de chaux est âcre et piquant ; celui de magnésie est amer.

Fluates ou Phtorates.

Le gaz dégagé par l'acide sulfurique attaque le verre et dépose, en se dissolvant dans l'eau, des flocons blancs.

2o. SELS NE FAISANT POINT EFFERVESCENCE AVEC L'ACIDE SULFURIQUE.

Nitrates.

En général solubles dans l'eau, activant la combustion des charbons incandescens ; ils sont tous décomposés par le calorique, et la base est mise à nu ; l'acide sulfurique en dégage de l'acide nitrique ; à l'aide de la chaleur, ils oxident tous les métaux aux dépens de l'acide, qui se décompose et qui donne de l'azote et du deutoxide d'azote.

Sulfates.

Point d'effervescence ni de dégagement gazeux par les acides. On s'assure de leur existence en en faisant bouillir une partie en poudre avec environ deux de nitrate de barite dans dix parties d'eau distillée; la matière que l'eau surnage est un sulfate de barite. Il suffit de le faire fondre dans un creuset avec parties égales d'hydro-chlorate de chaux, et de lessiver la matière pour obtenir du sulfate de chaux et de l'hydro-chlorate de barite. Par le poids du sulfate de chaux, on juge de celui de l'acide sulfurique. On peut aussi calciner au rouge le sulfate de barite obtenu avec parties égales de charbon, et le nouveau produit aura la même saveur que celle des œufs couvés.

Les *arseniates*, les *borates*, les *chromates*, les *molybdates*, etc., étant beaucoup plus rares, nous nous abstenons d'en parler. Nous

nous bornerons à dire qu'une fois qu'on a reconnu l'acide, qui est un des principes constituans du sel, on s'attache à découvrir la base ou les bases auxquelles il est uni au moyen de divers réactifs.

Ces essais d'analyse nous ont paru suffisans pour servir de guide aux fabricans de porcelaine, de faïence, etc.

PREMIÈRE PARTIE.

DE LA PORCELAINE.

On pense que la découverte de la porcelaine, en Chine, date du cinquième siècle de l'ère chrétienne. Les Annales de Feoulam rapportent que depuis la seconde du règne de l'empereur Tamou-Te, de la dynastie de Tam, c'est-à-dire vers l'an 142 de Jésus-Christ, les ouvriers de cette province en avaient seuls fourni aux empereurs, qui envoyaient deux mandarins pour présider à l'ouvrage.

Il se fait de la porcelaine dans diverses provinces de la Chine, et particulièrement dans celle de Fos-Kien, de Canton et de Kintelhmg; mais celle qui se fabrique dans cette dernière est la plus estimée, et celle que, par distinction, on appelait autrefois en langage chinois, et comme en espèce de proverbe, les bijoux précieux de Joat-Cheou.

En Chine, la porcelaine y est connue sous le nom de thsky; on suppose même qu'elle y a été connue dans les temps les plus antiques, mais le nom de l'auteur de cette découverte est inconnu.

C'est le père Entrecolles qui fut spécialement envoyé en Chine, par le gouvernement, qui a apporté en France les notions propres à faire la porcelaine. Le mot porcelaine vient de porcelena, qui signifie, dans la langue polonaise, tasse, écuelle.

La porcelaine de Saxe a plus de corps que celle du Japon.

C'est un gentilhomme allemand, nommé le baron de Boeticher, chimiste à la cour d'Auguste, électeur de Saxe, qui, combinant des terres de différentes natures pour faire des creusets, trouva ce précieux secret, et qui s'est conservé avec soin dans la manufacture de Messein, près de Dresde.

Les Anglais, toujours jaloux des découvertes, firent venir à grands frais de la terre de porcelaine de la Chine, nommée en langue du pays kaolin; mais comme ils ne firent pas venir une autre substance nécessaire, que les Chinois appellent pétunzé, ils ne firent que des briques.

Le pétunzé peut être regardé comme le principe de la porcelaine, et le kaolin comme lui donnant l'existence.

M. Réaumur pensait que le kaolin chinois était un talc pulvérisé; mais les Chinois ont au contraire pensé que cette substance est absolument de la nature des argiles, qui ne peut être elle-même qu'un talc composé.

M. de Tschirnhausen trouva une composition de porcelaine, qui, selon les apparences,

est la même dont on fait usage en Saxe, secret
qu'il a légué à M. Homberg, son ami, et que
celui-ci a gardé jusqu'à la mort du premier,
suivant qu'il s'y était engagé.

D'après les expériences de M. Réaumur, cet
académicien trouva que la porcelaine de Saxe
différait de celle du Japon, ce qu'il a reconnu
à l'inspection dans leur grain ou mie (ce sont
les noms qu'on donne à la substance intérieure
de la porcelaine). Le grain de la porcelaine du
Japon lui parut fin, serré, compacte, médiocrement lisse et un peu brillant; la mie de
la porcelaine de Saxe se présenta comme une
substance encore plus compacte, point grenue,
lisse, et presque aussi luisante qu'un émail;
mais à cette époque, celle que l'on faisait à
Saint-Cloud, avait un grain moins serré et
moins fin que celle du Japon, peu ou point
luisant, et ressemblant à peu près à du sucre.

En poussant plus loin ses observations,
M. Réaumur fit supporter à ces porcelaines
l'action d'un feu violent, et par cette épreuve,
il connut bientôt que ces mêmes porcelaines
différaient encore plus essentiellement entre
elles, que par la nature de leur grain, puisque la porcelaine du Japon résista à ce feu
violent, sans se fondre ni souffrir la moindre
altération, et que toutes celles de l'Europe, au
contraire, s'y fondirent absolument. Dès-lors
il regarda les porcelaines en général, comme
des demi-vitrifications, car elle (la porcelaine)
peut être entièrement composée de matières

vitrifiables ou fusibles, et, dans ce cas, en l'exposant à l'action du feu, elle se fondra en effet, ou même se changera entièrement en verre, si la chaleur est assez forte, et est assez long-temps continuée pour cela ; mais comme ce changement ne se fait point en un instant, surtout lorsque la chaleur n'est point trop violente, et qu'elle passe par différens degrés, d'autant plus faciles à saisir, que cette chaleur est plus ménagée, il s'en suit qu'en cessant à propos de chauffer une porcelaine faite de cette manière, on pourra l'obtenir dans un état moyen, entre l'état terreux et celui de fusion ou de vitrification complète ; elle aura alors la demi-transparence et les autres qualités sensibles de la porcelaine : mais il n'est pas certain que si on expose une seconde fois de pareille porcelaine à un degré de feu plus fort, elle achèvera de se fondre et même de se vitrifier entièrement. Or, la plupart des porcelaines se sont trouvées avoir cette fusibilité, et M. de Réaumur en conclut qu'elles étaient composées suivant les principes dont on vient de parler.

En second lieu, une pâte de porcelaine peut être de matière fusible et vitrifiable, mêlée dans une certaine proportion avec une autre matière réfractaire, ou absolument infusible au feu des fourneaux : et l'on sent bien qu'en exposant un pareil mélange à une chaleur suffisante, pour fondre entièrement la matière vitrifiable qu'il contient, cette matière se fondra en effet ; mais qu'étant entremêlée avec une autre matière qui ne se fond point, et qui conserve sa consistance et son opacité, il doit résulter du tout un composé, partie opaque, partie transparente, ou plutôt demi-transparent, c'est-à-dire, une demi-vitrification ou une porcelaine, mais d'une espèce bien différente de la première ; car il est évident que la partie fusible de cette dernière, ayant produit son effet, c'est-à-dire, ayant été aussi fondue qu'elle puisse l'être pendant la cuite, on aura beau l'exposer une seconde fois à une chaleur même beaucoup plus violente, elle ne se rapprochera pas davantage de la vitrification complète, et se soutiendra dans son état de porcelaine.

Si M. Réaumur avait fait ces essais sur la porcelaine de Dresde, il aurait trouvé que loin de se vitrifier, elle soutient le degré du feu le plus violent que l'on puisse produire dans les fours de France, sans changer de nature ; elle tient le verre de plomb en fusion, et plongée dans les creusets des verreries, elle peut y demeurer des semaines entières sans se vitrifier.

M. de Réaumur reconnaît encore que le pétunzé est une espèce de pierre dure, de la nature de celles que nous nommons vitrifiables, et le kaolin une substance talqueuse, argileuse.

Dans un Mémoire qu'il lut à l'Académie, en 1739, il donna un procédé pour transformer le verre en une espèce de porcelaine (qu'on nomma girasol, nom qui lui est resté).

MM. de Lauragais, Guettare, Montamy, Lasserne, Baumé, Macquer, Montigny, Sage et Chaptal, sont les chimistes qui se sont occupés de la porcelaine.

MM. Macquer, Montigny et Chaptal sont parvenus à employer le kaolin et le pétunzé français, avec autant de succès que les Chinois et les Saxons. M. le comte de Lauragais présenta, en 1776, de la porcelaine de son invention.

M. Chaptal a fabriqué de la très belle porcelaine, avec le kaolin qu'on trouve, dit-il, par veines, dans les granits de Saint-Jean de Gardonenque, et le feld-spath, si commun dans les montagnes des Cévennes.

Une porcelaine parfaite serait celle où la beauté et la solidité se trouveraient réunies à l'élégance des formes, à la correction du dessin, et à la vivacité des couleurs. On est bien parvenu en France à faire une belle porcelaine, surtout à l'enrichir par la peinture, les couleurs et les sujets qui tiennent du merveilleux, mais on est encore à atteindre ce degré de supériorité pour la bonté, qui la rende propre à soutenir une forte chaleur, et à faire une bonne vaisselle de cuisine. M. Deprez, fabricant de Paris, vient d'approcher de ce degré de perfection, mais il faut qu'il fasse encore de nouveaux essais. Tout néanmoins fait espérer qu'on arrivera à faire une porcelaine dure, capable de résister à la plus forte chaleur; cela peut dépendre d'un bon caillou pulvérisé mêlé avec la terre d'Alençon qui cuit blanc. (1)

Déjà, dans le département du Jura, on fabrique une demi-porcelaine, non transparente, qui est un excellent vaissellier de cuisine, supportant admirablement le froid et le chaud. Cette demi-porcelaine paraît être composée de cailloux en partie; l'émail intérieur tire sur le blanc sale, et l'émail extérieur est couleur roussâtre *moucheté*.

On la nomme JÉRAUSSEM; plusieurs marchands faïenciers de Paris tiennent de cette demi-porcelaine, notamment ceux des boulevards.

On peut distinguer, pour ainsi dire, deux espèces de beauté dans ce produit de l'art. La première est l'assemblage des qualités qui frappent généralement tout le monde : comme une blancheur éclatante, une couverte nette, uniforme et brillante. Il en est de la porcelaine comme de toute chose, bonne et mauvaise, et l'on peut la diviser en trois parties, premier, deuxième et troisième choix; voilà pour la beauté : en bonne et mauvaise, voilà pour la qualité. Celle du premier choix ne reçoit ordinairement que la dorure; celle

---

(1) On nous a assuré qu'à Bayeux, on a fait une bonne porcelaine de cuisine : nous n'osons affirmer ce fait.

du second choix est couverte par la peinture même à grands dessins ; celle du troisième choix est couverte par le barbeau ou bleuette, ou autres peintures grossières : le dernier, outre que l'émail tire sur le jaune le plus souvent, est, ou boursoufflé, entaché de mine de fer, de sable, ou difforme par le gauche.

La bonne porcelaine soutient le grand feu sans se fêler, et résiste au froid, au chaud ; la médiocre supporte peu la chaleur.

Une bonne porcelaine encore, quand on en frappe des pierres entières, rend un son net et timbré qui approche de celui du métal : les fragmens produisent par le choc du briquet, des étincelles vives et nombreuses, comme le font tous les cailloux durs ; enfin elle soutient le plus grand feu du fourneau de verrerie sans se fendre, sans se boursouffler, en un mot sans être altérée d'une manière sensible. On peut dire qu'une porcelaine en général est d'un service d'autant meilleur, qu'elle soutient mieux les épreuves dont on vient de parler.

Le choix des pâtes est d'une haute importance pour le fabricant ; celui-ci doit la bien connaître (la pâte) ; elle ne doit être ni trop grasse ni trop maigre : trop grasse, elle est trop sujette à la fente ; trop maigre, on ne peut la travailler. Du choix des pâtes dépend la réussite ; conséquemment, c'est là où se trouve la fortune du fabricant.

La porcelaine d'Allemagne a paru aux observateurs être moins fusible que celle de

France. Celle de la Chine leur a fait apercevoir une qualité supérieure, mais qu'elle pèche par la blancheur. Depuis l'examen de ces observateurs, la porcelaine de France a acquis un degré de supériorité qu'elle n'avait pas alors. Que MM. les fabricans veulent bien se donner la peine de faire quelques études de plus, et que les ouvriers apprennent le dessin, la France possédera dans peu la plus belle et la meilleure de toutes les porcelaines connues.

La manufacture de Sèvres fut long-temps la seule qui faisait l'admiration de l'Europe. Les manufactures de Paris rivalisèrent bientôt avec cette manufacture royale ; en 1776, elle voulut par son privilége arrêter l'élan des manufactures plébéiennes. Une ordonnance royale restreignit ces manufactures à ne plus peindre qu'en bleu, façon de la Chine, ne pouvant plus employer d'autres couleurs; il leur fut défendu d'employer l'or, de fabriquer ou de faire fabriquer aucune figure, fleur de relief ou autres pièces de sculpture, si ce n'était pour garnir et les coller aux ouvrages de fabrication. C'était faire rétrograder l'art et anéantir les manufactures de Paris. C'est ainsi que l'ancien régime protégeait les arts et toutes les industries.

Le coup était trop violent, il fut frappé lui-même par les vives réclamations qui furent faites, et l'ordonnance de privilége fut rapportée.

Les Anglais, si supérieurs dans bien des parties de l'art, n'ont pu parvenir à faire une porcelaine perfectionnée ; celles qu'ils font ne sont que des vitrifications imparfaites, auxquelles il ne manque qu'un degré de feu un peu plus fort pour en faire du verre. Malgré ces défauts, les Anglais substituent leur porcelaine à leur vaisselle d'argent. A ces observations nous ajouterons que le sol anglais ne renfermant ni kaolin, ni pétunzé, ces insulaires ne peuvent faire de porcelaine.

Les manufactures d'Allemagne sont les seules rivales de la France. Leur pâte en est des plus réfractaires, elle résiste au feu le plus violent, et soutient le passage subit du chaud au froid sans se casser. Mais ces pâtes ont le défaut de n'être pas d'un blanc aussi parfait que celui de France ; elles sont d'un gris cendré, et restent grenues dans leur cassure ; leurs couvertes participent au même défaut, et n'ont jamais ce beau blanc qui plaît à l'œil et qui caractérise les belles porcelaines. Les Saxons font une porcelaine supérieure à celles des différentes manufactures établies en Allemagne, et les porcelaines de Hollande et d'Italie n'ont pas approché celles de France.

CHAPITRE PREMIER.

COMPOSITION ET MATÉRIEL D'UNE MANUFACTURE DE PORCELAINE.

Pour élever une manufacture de porcelaine, il faut un terrain assez étendu pour y élever un bâtiment qui contienne tout à la fois, le maître, les ateliers, le four ou plusieurs, et qui puisse servir de chantier.

Il faut un puits ou pompe à foulon, ou pompe à piston. Le jour n'est pas une chose indifférente, ainsi que l'air, pour sécher les pièces de porcelaine et les gazettes.

Depuis quelques années, nombre de fabriques se sont élevées dans les départemens, à la proximité des forêts, attendu la grande consommation de bois, dans la vue de l'économie, et d'obtenir les journaliers à meilleur prix. Mais si l'on considère que presque toutes ces fabriques ont leurs magasins à Paris; qu'alors il en résulte des frais de transports des marchandises, l'éloignement des affaires, et que les ouvriers en porcelaine ne travaillent pas à meilleur compte dans les départemens qu'à Paris, on peut inférer de ceci, que l'avantage des établissemens hors de la capitale ne peut être considérable. On n'a pas la même observation à faire à l'égard des manufactures établies à Limoges, attendu le rapprochement de cette ville de Saint-Yriex, d'où l'on tire les pâtes de porcelaine. De tels établissemens, selon nous, ne sont mieux placés qu'au centre du commerce; établissemens qui tiennent du luxe.

Le premier objet qui doit occuper celui ou ceux qui se proposent d'élever une manufacture de porcelaine, est donc, comme nous venons de le faire remarquer, l'emplacement, ensuite les ouvriers pour l'établissement des ateliers et l'élévation des fours; après cela, il faut penser aux pâtes et aux ouvriers de la partie.

Les choix doivent être faits en parfaite connaissance de cause, et nous conseillerons toujours de se laisser, dans les premiers temps, diriger par un homme de l'art, que l'on doit bien choisir et à qui il faut accorder une pleine confiance; et pour en obtenir un bon service, il faut l'indemniser généreusement.

Pour élever une manufacture de porcelaine avec aisance, et pouvoir attendre la vente sans être obligé de l'aller chercher, nous estimons qu'il faut un capital de soixante mille francs. Nous savons, de science certaine, que des ouvriers en ont formé avec un capital bien moindre, mais nous savons aussi tout le mal qu'ils ont eu pour maintenir leur établissement, et combien il en est qui n'ont pu tenir.

L'histoire des manufactures n'étant pas de notre domaine, nous ne présenterons pas le tableau de toutes celles qui se sont élevées en France depuis soixante ans, comme de toutes celles qui n'existent plus. Les causes particulières ayant varié encore plus que le commerce de porcelaine, qui s'est accru, elle a bien perdu (la porcelaine) de sa valeur. Elle était, pour l'ouvrier, un bel état ; aujourd'hui, par la somme des apprentis qui ont été faits, les ouvriers de grosse poterie sont plus heureux, leur rétribution étant plus élevée, comparativement au savoir et au fini. Il en est résulté un dégoût parmi les bons ouvriers, qui aujourd'hui sont devenus indifférens sur la perfection : la peinture seule a gagné. Enfin, il est arrivé, de la baisse considérable de la main d'œuvre, que la porce'... e traîne les rues, et cette cause pourra diminuer l'ardeur des recherches pour la perfection de solidité si désirabl . Et si nous disions que cette partie de l'art pourra décliner, on nous accuserait d'une sinistre prédiction et on pourrait nous traiter de visionnaire. Nous désirons nous tromper.

Déjà Paris ne fabrique plus le grand creux, et en général, dans les manufactures qui y sont encore établies, on n'y fabrique que des objets de fantaisie. Ce changement dans la fabrication ne peut sans doute être considéré comme une amélioration.

De l'Établissement.

La construction des fours étant d'une haute importance, le nouvel entrepreneur ne saurait trop s'entourer des lumières des ouvriers en porcelaine, quand il n'a pas par lui-même les connaissances acquises. Le choix des briques doit pareillement fixer son attention. L'hiver est peu propre à la construction des fours, la sécheresse étant trop lente dans cette saison.

Les ateliers doivent être établis en même temps que le four. Ils doivent être grands, bien larges et situés dans un beau jour.

On les meuble :

1. De tours ; chaque tour doit avoir deux ou trois têtes ou girelles de rechange. Le tour a son entablement en bois de sapin, et un banc derrière pour battre la pâte. La roue doit être en bois de... chêne, ainsi que le siége. En face du siége il y a une peau de mouton blanche fixée à la table du tour avec des clous à tête ronde, pour recevoir les tourna-sures.

Chaque tour doit être meublé d'un porte-mesure et d'une terrine en terre cuite, pour y mettre de l'eau. Nous indiquerons ailleurs la forme et les dimensions du tour.

Dans les grands ateliers, il y a un banc particulier pour battre la pâte.

2. Il faut des tables pour les garnisseurs et pour les mouleurs. Ces tables sont en bois de sapin et à tiroir, pour le serrement des outils. Pour la facilité du travail, ces tables sont garnies d'un montant dans leur milieu, à dessus plat, sur lequel les ouvriers y posent des

planches garnies de pièces à garnir, ou des moules.

3. Il faut des chaises et des baquets pour la pâte et l'eau nécessaire aux ouvriers.

4. Il faut établir des rayons en bois de sapin, de la longueur, autant que possible, de l'atelier. Ces rayons sont à quatre et plus d'étages ; ils doivent être forts, à forme plate ou carrée en tous sens. C'est sur ces rayons que l'on pose les planches chargées des pièces de porcelaine crue.

5. Il faut des planches en bois de sapin, de six pieds ou cinq pieds et demi de long, sur douze à quatorze pouces de large et six lignes d'épaisseur environ. En décimal :

	3 pi.	7 po.	10 l.		
Le mètre vaut..........	3 pi.	7 po.	10 l.	⅐	
Le quart de mètre, comparé au pied.	9		2	⅒	
Le décimètre..........	3		8	¹¹⁄₁₂	comparé à
Le centimètre..........	»		4	⁵⁄₁₀	l'aune de
Le millimètre..........	»		»	⁵⁄₇	Paris.

6. Des pierres de liais pour les mouleurs et des peaux de mouton jaune.

7. Des carreaux de terre cuite ou des rondeaux de plâtre pour l'ébauche des pièces tournées ; rondeaux, bois de chêne, pour l'ébauche des housses d'assiette. Il faut aussi des rondeaux de plâtre ronds et ovales pour le moulage.

8. Un ou deux marche-pieds.

9. Un ou plusieurs poêles ordinairement

construits en briques pour les grands ateliers.

Le modeleur doit avoir son atelier particulier.

10. Dans les grandes manufactures il y a un moulin à cheval; dans les moins importantes, le ou les moulins sont à bras.

11. Il doit y avoir un atelier où l'on marche la pâte. On le nomme le marche-pâte; autant que possible on le construit à une distance peu éloignée des ateliers pâtiers.

Le marche-pâte est en bois de sapin, en forme d'un carré long, à rebords, et élevé de terre d'environ six à huit pouces. Sa dimension est d'environ douze à quinze pieds de longueur; son épaisseur est à peu près de quatre à six pouces. Il est soutenu par des traverses en bois de chêne sur lesquelles il est fixé. On meuble encore le marche-pâte d'une table à pieds élevés à ceinture d'homme, de bois de sapin, à dossier, rapprochée du mur. Cette table est destinée à manipuler la pâte avec les tournasures (1) que l'on arrange ensuite en ballons de douze à quinze livres. Il faut des tamis de soie et de crin pour passer les pâtes et les couvertes; des baquets et des tonneaux. Dans les premiers on y met ordinairement la pâte en ballon, de l'eau, et dans les autres, les tournasures, la couverte liquide

---

(1) On appelle tournasure, la pâte enlevée par le tournasin qui forme une poussière épaisse, suivant que la pièce est plus ou moins sèche.

et la pâte, pour l'y laisser vieillir. La pâte et la couverte se passant dans les tamis, on pose le tamis sur un support en bois de sapin, en carré long, à deux pleintes en longueur, et à deux transversales enchâssées, et on fait aller et venir le tamis avec vivacité pour faire passer la pâte ou la couverte, qui tombe dans un tonneau ou dans un baquet.

Pour battre la pâte, quand la manufacture n'est pas meublée d'un marche-pâte, il faut une batte en bois de chêne, à poignée, à angle, ou en forme de tranchant. Le bois est préférable au fer, qui d'ailleurs serait trop lourd.

12. Il faut des mortiers pour piler les cailloux quand on fait soi-même sa pâte. (1)

13. Un poêle de faïence de préférence au poêle de fonte.

14. L'émaillerie doit être établie auprès du four. Cet atelier est meublé de rayons, d'une ou plusieurs tables, de baquets, d'un poêle et de chaises. Le jour doit être beau.

15. Le bâtiment du four doit être grand et couvert; sa construction est en pierre et plâtre. Faute d'emplacement, ce bâtiment doit encore recevoir le bois pour le sécher. On doit enfourner et défourner aisément malgré les gazettes que l'on place dans ce bâtiment, soit pour y sécher, soit pour y rester à demeure

---

(1) Aujourd'hui les manufacturiers font venir de Limoges la pâte toute préparée; autrefois elle valait 25 cent. la livre, à présent elle n'en vaut que 15.

quand elles sont reliées ou autrement. On meuble le bâtiment du four de plusieurs tables, d'un ou plusieurs ciseaux en fer pour le reliage des gazettes, et d'une ou deux plaques de fer pour repasser ou redresser les rondeaux des gazettes.

16. Il faut un local pour marcher la terre à gazette, un autre pour battre le ciment, et une batte garnie de têtes de clous.

17. Un atelier pour le tourneur à gazette, un tour, une table, un marche-pied, des rayons et un poêle.

18. Dans les grandes manufactures il y a un ou plusieurs ateliers de peinture. Dans toutes un magasin pour la porcelaine cuite, peinte et dorée; meublé de cases, tables, bureau et chaises ou fauteuils, écritoire, etc.

Tel est, avec les moules en plâtre pour le moulage de la plâterie, du creux et des garnitures, et les instrumens pour fendre le bois, la composition et le matériel d'une manufacture de porcelaine.

Des Ouvriers.

Une manufacture de porcelaine emploie :

1. Des modeleurs pour le service et pour la figure;

2. Des peintres et doreurs;

3. Des tourneurs;

4. Des mouleurs;

5. Des figuristes;

6. Des fleuristes;

7. Des répareurs de vases ;
8. Des garnisseurs ;
9. Des émailleurs ;
10. Des enfourneurs ;
11. Des encasteurs ;
12. Des hommes de four et de peine ;
13. Des brunisseuses.

Dans les grandes manufactures il y a un chimiste pour les pâtes, et un pour les couleurs.

Pour le magasin, un ou plusieurs commis et des emballeurs.

Dans les manufactures ordinaires il n'y a point de chimiste ; il y a quelquefois un cuiseur de mouffle pour la peinture, un directeur pour les travaux. Maintenant quelques peintres composent les couleurs et les vendent aux manufacturiers ou aux peintres même.

Du Four. (1)

Sa forme est ronde ; la forme carrée pour la porcelaine ne vaut rien.

Ses Dimensions.

Le four ordinaire, élevé en briques, a dix pieds de diamètre dans l'intérieur, sur sept de largeur et neuf de hauteur. Au milieu de sa voûte on y pratique une cheminée d'environ cinq pieds de haut, et de deux à quatre de dia-

---

(1) Aujourd'hui on fait des fours de douze à quinze pieds de haut : les autres dimensions en proportion.

mètre ; le globe a trois pieds et demi de hauteur.

La porte ne doit avoir que la largeur de trois briques vues dans leur longueur, c'est-à-dire à peu près vingt pouces pour pouvoir entrer dans le four.

$$
\begin{aligned}
&10 \text{ pieds ou } 3^m 2473 \\
&7 \quad \text{—} \quad \text{ou } 2^m 2731 \\
&9 \quad \text{—} \quad \text{ou } 2^m 9226 \\
&5 \quad \text{—} \quad \text{ou } 1^m 6236 \\
&4 \quad \text{—} \quad \text{ou } 1^m 2989 \\
&3 \text{ p. et } \tfrac{1}{2} \text{ ou } 1^m 1365 \\
&20 \text{ pouc. ou } 0^m 5412
\end{aligned}
$$

Pour l'intelligence du calcul décimal, nous dirons que 288 millimètres représentent un pied environ. Le millimètre représentant à très peu de chose près $\tfrac{4}{9}$ de ligne, donc deux millimètres $\tfrac{8}{9}$.

Le four a trois et quatre allandiers (bouche à feu) et doit être cerclé en fer. On voit deux à trois cercles en fer et deux au globe. Extérieurement la cheminée a également un ou deux cercles en fer.

D'après notre exposé, le four à porcelaine se divise en trois parties égales ; il y a une ouverture latérale (que l'on nomme la porte du four) par laquelle l'enfourneur s'introduit dans l'intérieur du four, que les chimistes désignent sous le nom de laboratoire, et dans lequel l'enfourneur y place les gazettes.

Telle est la description du four à porcelaine que nous pouvons faire.

CHAPITRE II.

DES PATES ET DE LEUR PRÉPARATION.

Choix des Matières.

LE caillou à porcelaine est un quartz blanc que l'on trouve, comme nous l'avons déjà dit, dans les montagnes, et qui n'est pas rare en France. On choisit le plus blanc, on le lave pour le dépouiller exactement des parties terreuses; ensuite on le casse avec une masse en petits morceaux, pour en séparer ceux qui sont colorés, ainsi que les autres pierres hétérogènes qui pourraient être adhérentes au quartz.

L'argile doit être bien blanche, et séparée exactement de toutes molécules métalliques et de terres étrangères avec lesquelles elle pourrait être alliée.

Le gypse transparent et cristallisé est préférable; mais à son défaut on se sert de la pierre à plâtre, ou albâtre gypseux. Il faut pareillement le séparer, avec le plus grand soin, des terres et autres impuretés qu'il contient. Le choix des matières fait, on procède à leur préparation, qui s'exécute par la pulvérisation, calcination, lavage, tamisation et dessication.

L'argile qu'on emploie en Allemagne pour la porcelaine, est un mélange de quatre substances :

1°. L'argile blanche;

2°. Le mica; en allemand, silber kleet, espèce de talc brillant;

3°. Le quartz transparent;

Ces trois substances ne font point effervescence avec les acides.

4°. Une très petite quantité de terre calcaire, semblable à de la craie, qui se dissout avec effervescence dans les acides.

CHAPITRE III.

DE LA PRÉPARATION DES MATIÈRES.

Après avoir choisi l'argile la plus blanche, et en avoir séparé les terres étrangères; si elle contenait quelques parties végétales, comme des racines, du bois, paille, etc., il faudrait lui faire éprouver une légère torréfaction ; mais si elle est pure, il ne s'agit que de la délayer dans suffisante quantité d'eau de pluie, que l'on ramasse ordinairement dans les équinoxes, ce qui fait croire que l'eau de pluie est plus propre à accélérer et faciliter une nouvelle combinaison.

On broie à la main ou autrement cette ar-

gile, et l'on y ajoute assez d'eau pour la délayer
exactement ; on la jette dans un vaisseau cy-
lindrique de trois ou quatre pieds (1 met.
2989) de haut, fermé avec des douves comme
un tonneau, et auquel il y a des robinets de
haut en bas de 6 pouces 0,0135 en 6 pouces.
On remplit ce vase avec de l'eau dans laquelle l'argile est délayée, et après avoir bien
agité le mélange, on le laisse reposer quelques
secondes pour donner le temps au sable, dont
la pesanteur spécifique est plus grande que
celle de l'argile, de se précipiter au fond ; alors
on soutire la liqueur par le premier robinet,
et successivement du premier au second, et du
second au troisième, ainsi de suite, jusqu'à ce
qu'on soit parvenu au dernier, qui doit être
placé à 2 ou trois pouces du tonneau 0,0541-
0,0812.

On met la liqueur décantée dans des vases
de terre cuite ; on se sert aussi de vases
ronds, en plâtre, que l'on nomme renversoirs, dans lesquels on laisse ressuyer les
pâtes avant de les marcher en forme de cône
tronqué et renversé ; on la laisse reposer jusqu'à ce que l'argile, qui était suspendue dans
l'eau, se soit précipitée ; on verse cette eau
par inclinaison, et l'on ramasse soigneusement cette argile, qui est extrêmement fine :
ensuite on la fait sécher à l'ombre et à l'abri
de la poussière, pour la peser et la doser avec
les autres matières. On conserve le sable qui
s'est précipité dans le fond du tonneau, pour

l'usage que l'on dira dans la suite; et si ce précipité contient encore des morceaux d'argile qui ne soient pas détrempés dans le premier lavage, on les délaie de nouveau, et on les lave avec d'autre argile, comme on vient de l'exposer.

Des Cailloux.

On emploie les cailloux en morceaux de la grosseur d'un œuf de poule, et on les met sur un grand gril de fer, disposé de façon que les morceaux ne passent point à travers; on allume un feu de charbon dessous, et, lorsque les cailloux sont rouges, on les jette dans l'eau froide pour les rendre plus friables : on répète cette opération jusqu'à ce que l'on puisse les piler aisément; alors on les porte au moulin. Quand le caillou a été mis en poudre fine, on le passe par le tamis de soie, et on repile celui qui est resté sur le tamis.

Des Tessons.

On prend des morceaux ou fragmens de porcelaine; on choisit les blancs de préférence, surtout pour ceux qui sont destinés à entrer dans la composition de la couverte; on les pile le mieux qu'il est possible dans un mortier d'agate ou d'autres pierres dures, et ensuite on les passe au moulin pour achever leur pulvérisation. Quand on n'a pas de tessons pour commencer un travail, on prend la composition n°. 3 (que nous indiquerons ailleurs),

dont on forme des petits pains de l'épaisseur
d'une pièce de 5 francs; on les fait cuire en
porcelaine, ensuite on les traite comme les
tessons; mais il est plus sûr d'avoir des morceaux de porcelaine cassés. (Avec ces morceaux
on fait de très belle porcelaine.)

Du Gypse.

Le biscuit qui nous occupe ici provient des
pièces de porcelaine qui se fendent au globe,
c'est-à-dire à la première cuisson; on passe ce
biscuit au moulin, où on le broie jusqu'à ce
qu'il soit transformé en liqueur au moyen de
l'eau qu'on a versée dans le moulin. Cette
liqueur entre dans la pâte dans la proportion
d'un quart-poids, et produit une pâte excel-
lente qui donne une belle porcelaine. Le biscuit est même préférable aux tessons; il résulte de l'emploi de ce biscuit dans les pâtes,
qu'il n'y a que les façons de perdues.

Les faïenciers et les potiers n'ont pas cet
avantage; leurs biscuits ne sont propres qu'aux
gravats.

Du Biscuit.

D'abord on pile bien le gypse, et lorsqu'il
est réduit en poudre fine, on en remplit une
chaudière de cuivre, et on donne un feu de
calcination. La matière semble d'abord bouillir, surtout quand l'eau de la cristallisation
commence à se dissiper. On continue le feu
jusqu'à ce que le mouvement cesse, et que la

poudre se précipite sur elle-même au fond de la chaudière, ce qui est le signe d'une calcination parfaite. Quand le gypse est refroidi, on le file de nouveau, et on le passe par le tamis de soie.

Du Mélange et de la Macération.

Toutes les matières ainsi préparées, et l'argile, après avoir été lavée, bien séchée et réduite en poudre, on pèse les doses et on les mêle exactement, en les passant plusieurs fois toutes ensemble par un tamis de crin moins serré que celui de soie, dont on s'est servi pour les premières préparations; ensuite on les arrose avec de l'eau de pluie, pour en former une pâte qui puisse être travaillée sur le tour. On la met dans un fossé en forme de bassin creusé en terre ou dans des tonneaux que l'on couvre pour garantir la masse de la poussière, avec des couvercles de bois qui ne joignent pas exactement, afin de laisser l'air ambiant nécessaire à la fermentation. On s'aperçoit qu'elle est à son terme à l'odeur, à la couleur et au tact : à l'odeur qui se rapproche du foie de soufre décomposé, ou à des œufs pourris; à la couleur, qui de blanche est devenue d'un gris foncé; et au tact, car la matière est plus moelleuse et plus douce au toucher qu'avant la fermentation : plus la masse est vieille, et mieux on la travaille. (Une pâte trop grasse est beaucoup sujette à la fente; une pâte trop maigre ne peut se travailler. Celle dans laquelle il y entre des tournasures est la meilleure pour le travail; celle-ci contribue à la réussite au four.) (1)

C'est un usage dans les manufactures d'Allemagne, de préparer la masse deux fois par an, c'est-à-dire aux équinoxes, parce que l'on croit avoir remarqué que l'eau de pluie dans ce temps exécute plus promptement et plus complétement la fermentation.

Il faut avoir grand soin que la matière ne sèche point; pour cela, il faut entretenir l'humidité nécessaire à la fermentation, en l'arrosant de temps en temps avec de l'eau de pluie.

On conserve toujours de l'ancienne pâte pour servir de ferment à la nouvelle, et l'on n'emploie, pour former les pièces, que la pâte qui a au moins six mois.

On ne lave point la poudre à caillou, ni celle de tessons, car ces deux substances ayant une pesanteur spécifique plus grande que celle de l'argile, il s'ensuivrait que si l'on mêlait ces trois matières pour les laver ensemble, les cailloux et les tessons se précipiteraient, et il ne resterait dans la masse que l'argile seule; c'est pourquoi il faut passer ces deux poudres par le tamis de soie, toutes les deux séparément, pour les mêler ensuite avec l'argile préparée.

---

(1) Ici nous nous répétons; mais cela est nécessaire pour la mémoire de tous.

On doit conserver le sable qui s'est précipité pendant le lavage de l'argile, lorsqu'il est pur, blanc et homogène, ce dont on s'assure par le moyen de la loupe; alors on le pile, et après l'avoir terminé on l'ajoute à la masse, en diminuant à proportion la quantité de cailloux que l'on devait y mettre. La raison de cela, c'est qu'on croit que l'argile est produite par le sable décomposé, et par conséquent que le sable contenu dans l'argile lui est plus analogue que le quartz qu'on y ajoute. Voyez la *Théorie de la Terre*, tome I, p. 382. M. Buffon paraît être de ce sentiment.

De la Préparation de la Pâte.

Avant de donner la pâte aux ouvriers, il faut qu'elle soit marchée ou manipulée sur une table, et la mettre en ballon.

On mêle les tournasures avec la pâte qui n'a pas encore été travaillée, dans la proportion d'un quart ou d'un huitième si on n'en a pas en grande quantité. Une manufacture qui commence n'en ayant point, est obligée d'employer .. pâte nouvelle : elle n'est pas la meilleure pour le travail, quoiqu'elle puisse produire une belle porcelaine, si la composition est bonne.

Pour la préparation, on met la pâte sur le marche-pâte; cela fait, le marcheur, nus pieds, s'arme d'un bâton pour se soutenir, et avec le pied droit, en tournant, il étend la pâte circulairement, qu'il foule et presse, toujours en remontant vers le milieu. Arrivé à ce milieu, il change de position pour marcher la partie restante ; il coupe la pâte par tranches, qu'il remet sur le marche-pâte, et opère de nouveau comme on vient de le dire. Il cesse cette opération quand il reconnaît que les mélanges sont bien faits, qu'il n'existe aucun durillon ; ensuite il en fait des ballons un peu carrés, du poids de 12 à 15 livres, ou de 7 kilogr. 3,372, qu'il met dans des baquets ou tonneaux qu'il couvre ensuite.

C'est cet ouvrier, ou un homme de peine, qui porte la pâte dans les ateliers.

Pour être plus méthodique, nous aurions dû donner les doses pour la composition avant l'opération que nous venons de décrire ; mais nous avons été amené à cette inversion p[a]r la forme que nous donnons à notre ouvrage.

Préparation de la Couverte.

On prépare les matières destinées à former la couverte (nous indiquerons les doses) en les passant par le moulin, ou en les pilant dans des mortiers d'agate ou de pierres très dures ; on passe ensuite ces matières au tamis de soie. Pour cela, on pose le tamis sur deux pleintes qui forment châssis, en bois de sapin, enchâssées et fixées par deux traverses aux deux extrémités, que l'on pose à cet effet sur un baquet ou sur un tonneau. Ce châssis présente une largeur d'environ 6 à 8 pouces ou 0,2175 sur 18 pouces de longueur ou 0,4871, et sur lequel on fait aller et venir le tamis avec vivacité et secousse pour favoriser la filtration par le tamis : la liqueur tombe dans le baquet ou tonneau. (1)

Les matières étant bien mêlées, on extrait l'eau qui surnage, et de la masse on en forme une pâte. Cette pâte se forme dans des renversoirs ronds ou ovales en plâtre, dans lesquels on a versé la liqueur. La couverte formée en pâte reste dans cet état jusqu'à ce qu'on l'emploie; car alors il faut la rendre à l'état de liquide.

Dans la préparation, on n'emploie pas le lavage qui ne convient qu'à l'argile seule. Quand cette composition a subi le degré de macération convenable, ce qu'on reconnaît aux mêmes signes indiqués pour la pâte, on la met dans un grand vaisseau de bois ou de terre cuite pour la délayer dans une suffisante quantité d'eau distillée, ou tout au moins filtrée, de manière que le tout devienne comme de la crême, d'une liquidité moyenne ; mais pour connaître au juste la densité nécessaire de cette crême, on prend un morceau de biscuit de porcelaine, et on le trempe dans l'émail, que l'on a soin d'agiter préalablement. Ce biscuit absorbe l'émail au même instant.

Lors de la mise en couverte nous reviendrons sur cet article.

_____

(1) Pour la pâte on opère de même.

Composition des Pâtes.

N° 1.

Argile blanche...... 100 parties.
Quartz blanc........ 9
Tessons de porcelaine. 9
Gypse calciné....... 4

N° 2.

Argile blanche.. 100 parties.
Quartz blanc... 9
Tessons......... 8
Gypse calciné... 5

La pâte de figure se compose de soixante-quinze parties d'argile et de vingt-cinq de quartz.

Le biscuit entre avec avantage dans la composition des pâtes, il y est même indispensable pour la bonté ; mais il faut être modéré dans son emploi, afin de ne pas rendre la pâte trop maigre.

La macération des pâtes en occasionnant un mouvement intestin dans leurs molécules constituantes, les combine, facilite leur pénétration réciproque, et chasse l'air interposé entre elles, qui ne manquerait pas, en se raréfiant dans le feu, de faire éclater les objets de fabrication, ou du moins de les déformer et de couvrir leur surface de petites bulles que les ouvriers allemands appellent blason.

Composition de la Couverte.

Les Allemands désignent la couverte sous le nom de glasure.

Couverte , Nº 1.

Quartz blanc............ 8 parties.
Tessons blanc.......... 15
Cristaux de gypse calcinés 9

Nº 2.

Quartz blanc............ 17 parties.
Tessons blanc.......... 16
Cristaux de gypse calcinés 7

Nº 3.

Quartz blanc............ 11 parties.
Tessons blancs......... 18
Cristaux de gypse calcinés 12

A l'origine d'une manufacture, comme on n'a pas de tessons, on augmente les doses de quartz et de cristaux de gypse calcinés dans les proportions respectives.

Ainsi dix-huit parties de tessons à peu près par neuf de quartz et par neuf de gypse; mais il est prudent de former des essais de pâte et de couverte, et de les faire cuire dans une autre manufacture; car il faut combiner la pâte pour qu'elle s'identifie avec la couverte. Une pâte tendre ne s'allierait pas à une couverte dure.

CHAPITRE IV.

DES TRAVAUX DES OUVRIERS PATIERS.

Pour être méthodique, nous placerons le tourneur au premier rang des ouvriers pâtiers

en porcelaine, C'est un créateur dans son genre,
qui doit, pour être parfait, s'aider du dessin.
Souvent il imagine de nouvelles formes ; il ne
peut que suivre imparfaitement celles de l'or-
févrerie, parce que la consistance des pâtes
ne peut permettre de prétendre à des formes
légères et badines, que le feu ou le calorique
détruirait. Il faut donc une forme raisonnée
pour en obtenir la conservation au four ;
c'est ce que bien des tourneurs ne conçoivent
pas assez bien : par conséquent il en est peu qui
obtiennent un talent transcendant. Le tourneur de grand creux est celui qui se fait le
plus remarquer.

Du Tourneur.

Il y a quatre tourneurs dans une grande
manufacture :

1°. Le tourneur de grand creux.
2°. Le tourneur de petit creux.
3°. Le tourneur d'assiette.
4°. Le tourneur de gazette.

Les deux premiers procèdent à l'ébauche
sur des rondeaux en plâtre et en terre cuite.
Ceux-ci sont des carreaux. (Un carreau neuf
doit être bien lavé et bien frotté avec un autre,
avant d'être employé, pour prévenir toute
tache dans la pâte.) Aujourd'hui on ne se sert
plus de ce dernier.

Le tourneur d'assiette ébauche à la housse
et sur un rondeau de bois de chêne. En terme

de pratique, on dit, il ébauche à la housse, il ébauche ses housses.

Les instrumens ou outils dont se servent les tourneurs, qu'ils se fournissent à leurs frais, sont : l'estec en ardoise, la spatule en bois pour le grand creux, le tournasin, manche rond en bois, lame d'acier trempé ou morceau de scie, des lames de couteau, des compas ordinaires, des compas d'épaisseur, des pinceaux de poil de blaireau, d'éponges et de baleines pour la mesure en hauteur et l'uniformité des formes.

La mesure pour la hauteur, profondeur et largeur, est en bois de sapin et forme la croix.

Il y a trois sortes d'ébauches :

1°. L'ébauche à la balle;

2°. L'ébauche au paston;

3°. L'ébauche à la housse.

Le paston n'est autre chose qu'une pâte élevée pyramidalement à base, sur la tête du tour, c'est-à-dire, sans rondeau ni carreau.

On ébauche au paston le pot à rouge, le coquetier et tous les couvercles de moyennes et petites dimensions.

Le grand creux s'ébauche sur des rondeaux de plâtre, le petit sur le carreau.

De l'Ébauche.

Avant d'employer la pâte, le tourneur doit la bien broyer et la bien battre. Le broyage est une manipulation assez semblable à celle de la pâte de pain par le boulanger.

Le battement de la pâte s'opère de deux manières : ceci dépend de l'habitude que contracte le tourneur. Les deux manières sont bonnes. La première consiste à couper avec les mains une poignée de pâte plus ou moins forte, suivant la force du tourneur. Pour faire cette coupe, il la fait avec la paume de la main droite, en frappant d'abord de la main sur la poignée de pâte, et en tournant habilement les deux mains dans un sens opposé, et de manière à ne pas déchirer la pâte, car le coup à plat de la main, donné avec assez de force, a pour but de couper la pâte en même temps que de la serrer. Cette poignée ainsi coupée, chaque morceau dont est pleine l'une et l'autre main, est tapé en même temps, ou appuyé deux à trois fois sur la table, et rapproché entre eux avec force pour rétablir dans son entier la poignée. Cette opération se renouvelle vingt à vingt-quatre fois. L'un de ces deux nombres suffit pour que la pâte soit bien battue et bien serrée, c'est-à-dire, pour qu'il n'existe aucun pore entre ses parties intérieures.

Une pâte bien broyée et bien battue facilite l'ébauche et contribue à la réussite au four.

La seconde manière consiste (de battre la pâte) à frapper toute la poignée sur la table (elle est moins fatigante que la première), à la couper avec les quatre doigts, de chaque main, en tenant celles-ci ouvertes, et les deux pouces vers le corps appuyés sur la poignée, et à séparer la poignée (ou couper), en tournant les mains l'une à droite et l'autre à gauche. Un des deux morceaux est laissé sur la table, et l'autre lui est appliqué, avec force, avec les deux mains; alors la poignée est rétablie. On fait cette même opération vingt à vingt-quatre fois.

La pâte bien battue, le tourneur fait des balles de grosseur, eu égard à la pièce qu'il veut ébaucher. Il tient dans la main gauche la pâte qu'il a arrondie avec le creux de la main droite : par le mouvement des mains, il fait tourner la balle. Ce mouvement tend à serrer la pâte, à donner à la balle la grosseur qu'elle doit avoir, et à faire un petit boudin en dessous, de l'excédant de la pâte qui est arraché par trois doigts de la main droite. La balle est resserrée pour faire disparaître la trace du boudin arraché.

Pour le grand creux, la pâte est mise en petit ballon, forme ronde néanmoins, mais aplatie aux deux superficies. L'excédant de la pâte est arraché de la partie supérieure; cette partie est battue avec la paume de la main, soit de la droite ou de la gauche, et retournée, est frappée sur la table pour faire entièrement disparaître la trace de la pâte arrachée.

Tant de précautions sont indispensables, quand on veut faire un bon ouvrage, et indiquent déjà un bon ouvrier.

A l'ébauche. S'il s'agit de grand creux, le

tourneur trempe le rondeau dans l'eau, qui est dans la terrine qu'il a sur l'entablement de son tour, et pose ce rondeau sur le paston, ou pieds ronds, et plat sur le dessus, qu'il a formé en pâte, sur la tête ou la girelle du tour. Le paston est un peu creux dans le milieu; et, dans ce creux, le tourneur verse le soir un peu d'eau pour le maintenir frais, quand l'ébauche doit durer plusieurs jours.

Outre la trempe dont nous venons de parler, si le rondeau ne paraît pas assez imbibé, le tourneur l'humecte encore avec de la barbotine (pâte délayée dans l'eau), après quoi il pose dessus son petit ballon et le bat avec les mains, en faisant, avec un pied, tourner doucement la roue, pour serrer parfaitement la pâte. Cela fait, cet ouvrier pousse sa roue à une action plus vive, et dresse le rondeau (on appelle dresser le rondeau ou la pièce, en faisant que la roue étant en moyen ou en grand mouvement, on ne s'aperçoive pas que le rondeau ou la pièce tourne). Un tourneur qui tourne bien droit est presque toujours parfait. Le rondeau étant bien droit, l'ébaucheur garnit ses mains de barbotine; celle-ci fait la fonction d'huile, et fait que la pâte coule aisément entre les mains ou entre les doigts, qu'elle se tire mieux en hauteur, et qu'elle se rabaisse de même. Le tourneur presse la pâte plusieurs fois entre ses mains, pour l'élever et la baisser, et avec le pouce de la main gauche et les doigts de la main droite il creuse le ballon (ou balle), laisse pour le fond l'épaisseur que comporte la pièce (quand nous en serons au tournasage, nous indiquerons à peu près les épaisseurs), et élargit ce fond en raison du diamètre qu'il doit avoir, moins celui que doit lui donner l'estec ou la spatule (la spatule n'est employée que pour les pièces de forme étranglée et haute); le fond formé, le tourneur élève, avec les mains, la pâte (pour le petit creux c'est avec les doigts, un peu écartés, de la main droite, et avec le pouce et l'index de la gauche), à une hauteur supérieure à celle que doit avoir la pièce; alors il prend l'estec qu'il garnit de barbotine sur toute la partie qui doit toucher la pâte, pour qu'en tournant, celle-ci ne soit point forcée dans l'action qu'elle reçoit pour arriver à la forme qu'on veut lui imposer; autrement, étant forcée, elle se déchire, particulièrement dans le fond, et en séchant, la fente est inévitable.

Pour prévenir encore le forcement ou déchirement, le tourneur doit incliner l'estec ou la spatule vers lui pour donner la forme à la pièce. S'il se sert de la spatule, après l'avoir introduite dans la pièce, il la tient des deux mains, mais il faut aussi qu'au besoin il soutienne la pâte avec la main gauche qui, sans cela, tomberait et ne pourrait prendre la forme qu'elle doit avoir. La roue ne peut tourner vivement; et, pour élever comme pour abaisser la pâte, le tourneur doit suivre le mouvement de la roue. La pièce ayant sa forme et sa hauteur, le tourneur prend une lame de couteau qu'il trempe dans l'eau, passe le bout au pourtour, qu'il introduit de la longueur d'une ligne environ entre le bord du pied de la pièce et le rondeau ou le carreau pour détacher le bord de la première de ce dernier. Ce petit détachement est indispensable pour, en séchant, aider la dépouille de dessus le rondeau, parce qu'il en résulte une ouverture à l'air. Ceci fait, le tourneur, avec le pied, arrête la roue, détache, le plus doucement possible, le rondeau du paston, afin de ne point donner du gauche à la pièce, enlève et pose de même le tout sur une planche qui est placée sur l'entablement du tour ou sur le rayon, suivant que la pièce est grande.

Il est important de faire remarquer que, dans le fond de la pièce, on doit y apercevoir au milieu une espèce de petit bouton en forme de goutte d'eau. Cet indice annonce que l'estec ou la spatule a été inclinée, que la pièce a été ébauchée droite, et que la pâte n'a point été forcée dans le travail. Cette remarque ne saurait échapper au manufacturier, ou à celui qui est chargé d'inspecter les ouvrages du tourneur. Tout ce que nous indiquons ici est le fruit d'une longue expérience, et nous connaissons tous les dommages qui résultent de toutes les inattentions.

L'ébauche du petit creux permet quelques soins de moins, puisque la roue peut tourner vite, et que le rondeau ou le carreau peut être détaché et enlevé de dessus le paston, sans que pour cela il soit besoin d'arrêter la roue. Néanmoins, le tourneur qui est jaloux de bien faire, modifie le mouvement de la roue à cet instant, car la tasse, et la soucoupe surtout, exige des précautions pour prévenir le gauche, puisqu'on peut avancer qu'il est extrêmement difficile d'obtenir, après la cuisson, une tasse ou une soucoupe qui n'ait une idée de gauche. Outre que cela peut dépendre du tourneur, cela peut encore dépendre du rondeau dans la gazette qui se gauchit lui-même, du feu ou de la composition de la pâte, quand celle-ci est un peu tendre, parce que la garniture attire à elle.

La porcelaine, d'ailleurs, étant devenue extrêmement bon marché, ni les ouvriers, ni les manufacturiers ne peuvent lui donner tous les soins qu'elle exige, et que le public ne pourra jamais supposer.

Telle est la manière d'opérer dans l'ébauche de la porcelaine. Celle qu'il faut adopter pour la terre de pipe, la terre dite anglaise, est moins vétilleuse; celle qu'il faut suivre dans l'ébauche de la faïence et de la poterie, même noire (les Anglais moulent et pressent celle-ci), est beaucoup moins susceptible d'attention et de soin.

L'ébauche est à la porcelaine ce qu'une fondation est à un édifice. Dans l'intérêt du fabricant, celui-ci doit surveiller ou faire sur-

veiller plus particulièrement l'ébauche que le
fini, car à l'égard de ce dernier, son action
principale est la conservation des épaisseurs ;
après cela, il n'a plus d'influence sur la réussite au four. Ainsi, nous dirons : le fini est
pour l'œil et l'ébauche pour la réussite.

A la suite de l'ébauche, il est quelques précautions indispensables qu'il ne faut pas né-
gliger.

Le lendemain de l'ébauche du grand creux,
le tourneur doit examiner les pièces les unes
après les autres, pour s'assurer qu'aucune
d'elles n'est fendue ou ne se fend dans le fond.
Une pâte qui aurait été forcée à l'ébauche,
pourrait occasionner la fente dans le corps
même de la pièce : ceci est rare. S'il y a fente
en dedans, il faut casser la pièce, parce que
si la fente traverse toute l'épaisseur, dès-lors
elle ne peut être arrêtée; elle a produit tout
le mal qu'elle pouvait produire. Si la pièce
peut se détacher du rondeau, il faut le faire
et regarder le cul. Si celui-ci est sain, on
change le rondeau, on lui en substitue un
autre qui, n'ayant pas la même humidité que
le rondeau qui a servi à l'ébauche, pompe
avec moins d'âpreté l'humide, sèche au contraire les parties molles avec tempérance, et
rarement excite la fente. Si la pièce détachée
du rondeau présente quelque indice de fente,
le tourneur doit sonder celle-ci sur-le-champ,
l'élargir même avec un outil tranchant, et
après avoir humecté la partie offensée, y in-

troduire un peu de pâte qu'il frappe et durcit ensuite avec un ébauchoir.

Si la fente est trop profonde, qu'elle ne puisse être mangée par le tournasin, l'épaisseur voulue conservée, il faut encore casser la pièce. Une fente est la séparation des molécules entre elles, causée par une retraite forcée, par une sécheresse précipitée, par l'action de la chaleur, ou par une action vicieuse dans la confection.

Si la pièce ronde évasée, à bord droit, prend un peu de gauche en séchant, l'ouvrier doit la renverser sur un rondeau bien droit, et ne l'ôter que pour la tournaser. Ce renversement fait nécessairement disparaître le gauche pendant la sécheresse.

Le grand comme le petit creux s'empile, se met dans des coffres ou sur le banc du tour; mais dans ce cas, il doit être couvert, pour conserver une certaine fraîcheur, car le tournasage à blanc est sujet à la fente, trop dur et trop long. Ici, blanc signifie entièrement sec.

Du Tournasage.

Avant de procéder à ce travail, le tourneur fait un mandrin en pâte; ce mandrin est plus volumineux, plus ou moins creux et large. Le mandrin pour la tasse, le coquetier ou le pot à rouge est en forme de pyramide élevée et étroite dans sa partie supérieure, puisque la tasse ou le coquetier doit l'emboîter. Du reste, le mandrin doit être en raison de la forme et de la grandeur de la pièce.

Le mandrin ne peut servir que lorsqu'il est bien sec, surtout quand la pièce doit l'emboîter. La raison de ceci paraît en être que si le mandrin n'était pas plus sec que la pièce, il resterait dans l'intérieur de cette dernière, une espèce de croûte légère, mais grasse, qui proviendrait du mandrin même qui se décomposerait, c'est-à-dire que n'ayant pas assez de consistance, la difformité qu'il prendrait le rendrait incapable de servir par le touchement de la pièce; car, dans ce cas, deux humides se nuisent et ne peuvent se détacher facilement. Donc il faut que le sec repousse l'humide; la pièce encore devant être facilement ôtée du mandrin, pour prévenir la difformité ou la casse. Il faut encore que cette dernière s'emboîte facilement dans le mandrin, mais qu'elle n'ait pas trop de lâche; car, dans ce dernier cas, il est plus difficile de la maintenir droite dans le travail; comme dans le premier elle se casse, si on la force même légèrement en l'emboîtant sur le mandrin.

Pour fixer le mandrin, le tourneur fait une ébauche en pâte sur la tête de tour; il met cette ébauche dans le mandrin, après avoir trempé le pied dans l'eau, et, avec une éponge mouillée, le tourneur garnit, de l'ébauche en pâte, le pourtour du pied du mandrin. En faisant cette opération, le tourneur le dresse avec l'une ou l'autre main; bien entendu que pour cela la

roue est en mouvement. Dresser , c'est faire
tourner bien rond. Après quoi le tourneur
met du poussier de tournasure sur la partie
qui vient d'être humectée et travaillée, pour
la raffermir promptement. Il faut que l'ébauche
fasse mortier solide. C'est quand elle est ar-
rivée à cet état que le mandrin peut être dé-
grossi avec le tournasin, réduit suivant le
besoin et bien dressé.

Comme il importe que le mandrin soit parfaitement droit, le tourneur prend un bâton
dont il appuie l'un des bouts sur l'entablement de son tour, et qu'il fixe par quelque
chose ; et tenant ce bâton de la main gauche,
il le hausse et baisse suivant que le tournasin,
tenu de la main droite, dégrossit et dresse le
mandrin. Cela fait, il peut procéder au tournasage. Ce travail consiste à donner la forme
extérieure, à former les contours, les gorges,
les filets et les cordons , et à donner les épaisseurs. On tournase en deux fois, surtout les
grandes pièces ; le premier tournasage a pour
objet de dégrossir la pièce, qui est après re-
mise sur le rondeau, et n'est finie que quand
elle est sèche. L'éponge et le pinceau ne doivent être employés que pour adoucir, mais le
tournasin doit seul finir : d'ailleurs un fini vif
est plus propre à recevoir la couverte que le
poli. Le poli ne convient qu'à la terre de pipe
et qu'à celle dite anglaise : quoi qu'il en soit,
on peut se servir de l'éponge pour les bords.

Un tourneur jaloux de son ouvrage se fait des

calibres pour tout ce qui n'est ni plat ni droit.

A l'égard des épaisseurs, le tourneur doit avoir la grande attention de les proportionner en raison des grandeurs et des dimensions.

Par la grande habitude, en frappant avec le bout du doigt sur le cul de la pièce, ou en frottant cette partie avec le doigt, le son plus ou moins clair lui indique l'épaisseur du fond de la pièce, même du pourtour; mais pourtant il est plus sûr pour lui de se servir du compas d'épaisseur.

Le milieu du fond d'une pièce doit présenter un peu moins d'épaisseur que la partie qui se rapproche du pied. Cette raison peut être physique, parce qu'un poids tend toujours à entraîner vers lui. On concevra mieux cette raison quand on saura qu'au four la porcelaine étant entrée en grande fusion, devient molle comme le verre; c'est à ce moment sans doute que se décide la réussite, et que les épaisseurs en sont une des causes principales; car les causes primordiales sont la composition des pâtes et des couvertes, et l'ébauche; et c'est pourquoi nous avons dit que tout fond de pièce devait, par suite de l'ébauche, être un peu bombé dans le milieu, parce qu'au four, en fléchissant, il devient droit; et nous disons que, si à l'ébauche le fond est droit, il deviendra comme en dedans, et par conséquent convexe en dehors. Par suite de ce raisonnement, comme le pied d'une assiette ou de toute autre pièce est une force prépondérante, le milieu du fond de cette assiette en est une, mais inférieure ; dès-lors celle-ci doit céder lors de la cuisson, attirée surtout par la prépondérante : donc cette dernière doit maintenir droit le fond de l'assiette. D'où il résulte qu'à cause de la *fusion* le milieu du fond doit être moins épais que la partie rapprochée du pied, par la raison encore que le pied, sans cela, difformerait cette partie qui fléchirait.

On peut prendre pour base des épaisseurs qu'elles sont depuis un quart jusqu'à trois lignes, à moins que ce ne soient de très grandes pièces comme les vases : dans ce cas les épaisseurs augmentent.

Les pièces qui sont en plusieurs parties nécessitent un collage ; pour cet effet, une partie est sur le plat ou le bord humecté avec l'éponge ou le pinceau, et l'autre est trempée dans l'eau, de manière que les deux bords fassent légèrement barbotine. Il faut que le tourneur, en les rapprochant et les collant, soit juste ; car l'âpreté étant vive, deux bords rapprochés de cette manière font sur-le-champ un corps inséparable. Si donc la pièce rapportée n'a pas été mise justement à sa place, il en résulte un gauche, une difformité qu'il faut manger avec le tournasin, et cela aux dépens de la forme et de la proportion des épaisseurs.

Dans une manufacture de porcelaine on doit être soigneux pour la propreté dans les pâtes et les couvertes. Toute limaille de fer fait tache ; c'est pourquoi, autant que possible, de tourneur doit limer et repasser ses outils en fer, éloigné du tour, parce que l'air ou le vent peuvent pousser la limaille dans les tournasures dont son tour est souvent couvert.

Le tourneur doit connaître le retrait de la pâte, depuis l'ébauche jusqu'à la cuisson : celui-ci est d'un sixième ou d'un septième. L'extrait est plus grand en largeur qu'en hauteur; cette cause est toute physique; mais le retrait en lui-même est une cause chimique, car plus une pâte est tendre, plus elle est sujette au retrait.

Du Tourneur d'Assiette.

Ce tourneur commence son travail par préparer les moules dont il a besoin; ensuite il fait un paston sur la tête de son tour, comme le fait le tourneur de creux, et bat la pâte de la même manière. L'ébauche de la housse sur le rondeau de bois s'opère comme d'après le détail que nous avons fait. La housse ne se moule que quand elle a acquis une certaine consistance; elle est saupoudrée avec de la poudre de biscuit, écrasée avec un rouleau ou une batte en bois, et cette poudre est mise dans un sac de toile blanche, fermé par un fil tourné plusieurs fois à l'ouverture du sac pour le clore. Le saupoudrement se fait par secousse, et ne doit pas être épais : ceci est pour faciliter la dépouille. Après cette opération, le moule est mis dans la housse; et le tout est renversé, de manière que le moule pose sur le paston, et le rondeau détaché de la housse par un fil de laiton passé de part en part entre le cul de cette dernière et le rondeau. Pour conserver l'épaisseur du fond de la housse, le tourneur passe le susdit fil le plus près du bois qu'il lui est possible. La pâte restée sur le rondeau est enlevée par un homme de peine avec un couteau ou une palette de bois, avant qu'elle ne soit sèche; cette pâte sert encore, après une nouvelle manipulation.

Pour mouler l'assiette, le tourneur commence par mettre la roue du tour en mouvement, et par dresser le moule mis sur le paston. Prenant ensuite une éponge qu'il humecte dans l'eau, avec celle-ci il commence, en l'appuyant modérément sur le cul de la housse, par mouler le fond de l'assiette. C'est par le milieu de ce fond que commence le moulage, qui s'arrête à la naissance du pied de l'assiette; l'éponge est humectée de nouveau, et le moulage se continue à partir de l'extrémité en descendant jusqu'au bord de l'assiette. Il faut donner plusieurs coups d'éponge, c'est-à-dire l'appuyer en différentes fois sur la pâte pour lui faire prendre la forme du moule. Dans ce travail, le tourneur doit graduer ses épaisseurs, qui doivent être plus fortes vers le pied, quand elles doivent être moindres vers le bord : c'est dans l'épaisseur du fond que doit se trouver le pied qui est formé avec l'éponge (1).

_____

(1) Aujourd'hui on fait en partie les assiettes à cul plat.

L'assiette étant moulée, le tourneur prend une lame de couteau dont il trempe le bout dans l'eau, et qu'il introduit entre le bord de l'assiette et le moule pour détacher ce bord : cette précaution aide au dépouillement de l'assiette du moule, par l'ouverture donnée à l'air. Cela fait, le tourneur soulève le moule avec une forte lame de couteau, et, détaché du paston, il le met sur une planche; quand celle-ci est remplie, elle est mise sur le rayon. La planche dont on se sert habituellement contient six moules.

Quand l'assiette peut se dépouiller du moule, le tourneur la démoule; avant, il met un rondeau sur le pied, renverse et ôte le moule. Quelquefois il est obligé de souffler entre l'assiette et le moule pour obtenir la dépouille, et quand le moule commence à tourner au gras ou à vieillir, il faut appliquer quelques petits morceaux de pâte sur les bords de l'assiette, pour les détacher du moule, et souffler comme on vient de le dire, pour détacher entièrement l'assiette du moule; mais alors il faut passer légèrement les doigts pour rétablir la forme un peu lésée par cette opération. Si l'assiette est trop long-temps à se dépouiller du moule, il en résulte que le fond se fend, et quand les assiettes étaient à dent, la fente avait aussi lieu dans les angles. Ces connaissances ne s'acquièrent qu'après un long travail. Le moule arrivé au gras, on enlève ce gras par une sorte de tournasage : on appelle cette opération gratter. On gratte ce moule; c'est un moule qui a été gratté; on ne le gratte guère qu'une fois, après quoi il est bon pour le plâtras.

Quand l'assiette est à peu près à moitié sèche, on l'empile dans des coffres; la première de la pile est toujours mise sur un rondeau de plâtre. Quand les coffres sont pleins, les piles d'assiettes se forment sur les bancs du tour, et sont ensuite couvertes par une toile grise ou par un tablier, cela pour conserver la fraîcheur, car l'assiette comme le creux ne doit jamais être tournasée à blanc, c'est-à-dire entièrement sèche. On peut le dire dans cet état, le tournasage est plus long, plus difficile, et fait une poussière qui à la longue nuit à la santé de l'ouvrier. Toute poussière, quelle qu'elle soit, est dangereuse; l'hygiène le démontre.

Du Garnisseur.

Ici nous intervertissons le classement que nous avons fait plus haut, parce que la pièce tournée n'est finie que quand elle est garnie. Il y a au reste des manufactures qui n'emploient point de mouleur.

Toutes les garnitures sont moulées; quelques petits fruits, comme la cerise et quelques feuillages pour garnitures de couvercles, se font à la main. Les feuillages de l'espèce se font entre le pouce et l'index avec de la pâte gommée.

Pour mouler, le garnisseur dispose plusieurs

moules à la fois qu'il met devant lui, ainsi qu'un rondeau de plâtre rond ou ovale ; alors il se prépare une grosse poignée de pâte, et se borne à une simple manipulation.

Il fait un ou plusieurs colombins à la fois, de la grosseur et longueur que comporte l'anse qu'il doit mouler, ou prend un morceau de pâte qu'il roule un peu dans la main ou qu'il aplatit avec les doigts : cela dépend du moulage à faire. Il imprime ou il introduit la pâte ; il imprime avec les doigts quand c'est une pâte d'ornement ; quand c'est une anse, il introduit avec les doigts le colombin dans une des parties du moule, et met ensuite l'autre partie sur celle-ci, et appuie fortement avec les deux mains, un peu aidé du corps pour mouler. Cette manière tient lieu de presse.

Le garnisseur doit n'employer que la pâte à peu près nécessaire pour mouler et pour éviter de grosses bavures, celles-ci détruisant beaucoup trop vite le moule. Si le moule dépouille facilement, ce qui a lieu quand il est neuf, il lève aisément l'une des deux parties ; dans le cas contraire, le garnisseur tape avec la grosse phalange de la main sur une des parties du moule, pour contraindre en quelque sorte la dépouille ; car non seulement l'anse et les bavures retiennent les deux parties de celui-ci, que la contrainte doit séparer. Le garnisseur, avec un ébauchoir ou un outil de fer, enlève les barbures, et moule une seconde fois par la pression, comme celle que nous venons d'indiquer. Cette deuxième opération parfait le moulage; et cette seconde pression extrait toute la pâte en trop qui avait été introduite dans le moule : c'est ce qu'on appelle diminuer les bavures. Il faut faire remarquer en passant, qu'au feu toute jonction se reproduit plus ou moins fortement; si la bavure d'une anse a été trop grosse, elle fait petite côte au milieu même de celle-ci, parce que le moule doit être fait de manière que chaque partie moule la moitié de l'anse en épaisseur et en longueur.

La cuisson ne pardonne et ne cache aucun défaut provenant du travail; c'est la vraie surveillante du manufacturier.

Les anses sorties du moule sont arrangées sur le rondeau, sur lequel on met quelquefois du poussier de tournasure, suivant la forme de l'anse; celle-ci reste sur ce rondeau jusqu'à ce qu'elle soit sèche. Il est bon, pour la maintenir droite autant que possible, de la retourner à demi sèche; il est des anses dont la forme exige qu'on les suspende à un gros fil tendu pour les sécher.

Disons-le, la pâte de porcelaine conserve difficilement la forme qu'on lui imprime ; il est presque impossible d'obtenir d'elle un droit parfait. Il est vrai que le feu est pour elle un agent très dangereux; aussi toute anse droite doit le plus souvent être passée à sec ou au mouillé sur un rondeau de plâtre ou sur un morceau de pierre de liais ou de marbre. Ceci mange un peu de la forme de l'anse; pourtant il faut sacrifier un peu de la forme pour obtenir le droit.

Les becs de théière s'impriment avec les doigts dans chaque partie du moule, et, pour les creuser dans l'intérieur, on se sert d'un ébauchoir proportionné au diamètre du bec, afin de laisser les épaisseurs convenables. Le talon s'imprime de même, et par la pression des doigts, il se vide et est établi dans l'épaisseur qui lui convient. Ceci tient à la dextérité et à l'habitude de l'ouvrier.

Les deux parties du bec étant imprimées, on introduit, dans l'une d'elles, un linge formé en corde, ou une peau formée en corde, et on ajoute ensuite l'autre partie du moule qui est appuyée et pressée comme pour les anses. Cela fait, avec les doigts des deux mains on fait aller et venir le linge ou la peau dans l'intérieur du bec pour en agrandir l'ouverture, pour l'unir et réunir parfaitement les deux jonctions.

Quant au talon du bec, ce sont les doigts mouillés dans l'eau qui l'unissent et qui impriment la pâte mise pour parfaire la jonction. On doit faire remarquer que l'estomac sert de presse, dans le moment où l'on fait aller et venir le linge ou la peau dans l'intérieur du bec; autrement on ne pourrait faire cette opération comme elle doit être faite. Ceci étant fini, on retire l'un ou l'autre.

C'est de cette manière que se moule la pipe, avec la seule différence qu'au lieu d'un linge ou d'une peau, c'est une grosse aiguille à tricoter qui en fait l'office, et qui agrandit l'ouverture du tuyau dans toute la longueur de celui-ci.

Quand nous traiterons de la pipe commune, on verra que le travail en est bien plus compliqué que celui que nous venons d'indiquer. C'est pourquoi nous proposerons quelques modifications, sans cependant espérer qu'on les adoptera, car il est aussi difficile de détruire une vieille habitude, comme il l'est de triompher d'un vieux préjugé : témoin la vaccine.

Pour nous résumer sur le moulage des garnitures, nous dirons que, pour la jonction, on se sert de pâte humectée et appliquée sur l'une des parties avec les doigts, ou de barbotine. Les deux procédés sont bons, la barbotine fait une bavure moins épaisse, mais peut faire une jonction moins solide.

Du fini des Garnitures.

Le fini des garnitures n'est autre chose qu'une réparation des torts qui leur sont faits dans le moulage, comme par les jonctions ou bavures, ou par le moule qui ne reproduit plus nettement les ornemens, ou les filets, ou les contours. C'est pourquoi on ne doit plus guère se servir d'un moule qui ne dépouille plus qu'à l'aide du poussier de biscuit, parce qu'alors il ne produit plus rien que d'informe. On fait revivre tout ce qu'indique le modèle, soit avec l'outil de fer, soit avec l'ébauchoir. Mais l'ouvrier habile ne se servira que de l'outil de fer, parce que, sous l'empire de cet outil, tout devient plus vif. Le service de l'ébauchoir convient mieux pour le fini de biscuit, c'est-à-dire pour les objets qui ne s'émaillent point. La couverte, par elle-même, cache trop les beautés et les douceurs de l'ébauchoir. Pour les ornemens, il faut les réparer aux deux tiers de sécheresse. Les grands ornemens demanderaient de n'être réparés que dans un état de sécheresse absolue, parce que, n'étant appliqués que sur les vases ou le grand service, on peut y apporter plus de soins, étant mieux rétribués pour le grand objet que pour le petit; car, en tout, le travail et le mérite doivent être récompensés.

On fait usage du pinceau de poil de blaireau pour adoucir les parties saillantes, et de papier sablé pour unir sur toutes les anses. Ce papier sablé, que vendent les épiciers, sous le nom de *papier de verre*, se fait avec du sable passé au tamis de soie et avec du papier gommé. C'est avec le tamis qu'on saupoudre légèrement de sable le papier.

Du Collage des Garnitures.

Le fini est pour le goût, pour la vue; mais

le collage est pour le fabricant. Un mauvais collage lui fait éprouver des pertes considérables.

Le collage se fait à sec; nous disons à sec, parce que la pièce à garnir étant sèche, l'anse doit être en cet état pour être collée. Le garnisseur doit d'abord rapprocher la garniture de la pièce pour examiner si elle s'ajuste bien; et, dans le cas contraire, frotter celle-ci sur la pièce jusqu'à ce qu'elle touche partout. Comme il pourrait y avoir trop de gauche, pour ne pas manger la pièce par un frottement trop long, il faut examiner la partie frottée, et avec un outil de fer donner l'empreinte que doit avoir la garniture à la partie collée. Pour que l'ajustement soit bon, il faut que la garniture touche partout pour le collage, autrement la bortine ne remplissant qu'imparfaitement les vides, il n'y a plus le corps solide et unique qui doit se former entre la garniture et la pièce, et, à la deuxième cuisson, la première se détache en partie ou totalement.

Pour coller, il ne faut qu'une barbotine médiocrement épaisse; et comme celle-ci prend vite, il faut quelquefois faire des marques au crayon pour placer à propos les parties de garnitures sur la pièce. On fait souvent usage d'un rondeau sur lequel on trace au compas le diamètre du bord ou du cul de la pièce; on tire une ligne transversale au moyen d'une règle, et si on doit faire plus de deux marques opposées; on se sert du compas pour les proportions.

On renverse la pièce sur le rondeau, ou on la pose dessus simplement, suivant les marques que l'on doit faire.

Avant de coller, on chicte avec le bout d'une lame de couteau ou d'un outil de fer, l'emplacement où la garniture doit poser, et de même la garniture dans les parties qui doivent faire jonction : ceci est pour mieux faire gripper la barbotine sur les parties conjointes. Après le chictage, il faut, avec le pinceau trempé dans l'eau, humecter au même degré et la pièce et la garniture ; ensuite mettre sur celle-ci la barbotine, jamais sur la pièce, et se hâter ensuite d'appliquer cette garniture, en s'appuyant sur la pièce, de manière que la bortine sorte bien de chaque côté, et qu'il ne reste que celle qu'il faut pour parfaire le collage. L'excédant de la barbotine s'enlève habilement, ou avec le pinceau, ou avec l'outil. Mais quelquefois avec ce dernier il faut en garnir tout autour là où sont les attaches de l'anse.

Ceci se fait pour garnir solidement ; et pour ne laisser aucun vide entre la garniture et la pièce, on trempe l'outil dans l'eau pour maintenir la barbotine dans une espèce d'état de liquidité jusqu'à ce qu'on ait fini cette opération.

Quand l'attache, ou les attaches des pates de la garniture sont sèches, on les amincit en talus sur la pièce, avec une lame ou un outil de fer; on nettoie le pourtour de celle-ci de même; enfin, on fait revivre ou on répare les ornemens qui ont pu être endommagés par le collage : le pinceau fait le reste.

Les pièces garnies se remettent toujours, ou sur les rondeaux ou sur les planches, suivant leur capacité.

On observe qu'une garniture, une fois appliquée sur la pièce, ne peut être redressée, s'il est nécessaire qu'elle le soit, sans lui faire courir le risque de la voir se détacher au four. C'est un mauvais usage que l'emploi de la gomme arabique fondue pour faciliter le collage : les ouvriers doivent le moins possible employer ce moyen; s'ils le font, ce ne peut être qu'avec une extrême prudence.

Au collage, il faut un peu incliner à gauche le bas de l'anse, parce que le tour tournant à droite, au four, la pièce étant en fusion, suit ce mouvement; par conséquent, il entraîne dans son action plutôt le bas que le haut de l'anse. Cette connaissance n'a été acquise que par une longue expérience. Si donc le garnisseur colle bien perpendiculairement son anse, il est constant qu'au sortir du four, s'il l'examine, il remarquera qu'elle a incliné à droite.

Du Mouleur.

Ce que le tour ne peut faire est réservé

au moulage; ainsi, toutes les pièces de forme comme ovale, octogone, triangulaire, parées de feuillages, d'o..nemens ou de figures d'architecture, sont de son domaine. Les difformités occasionnées par le moulage commandent à l'imagination du mouleur pour les prévenir. Le plâtre précipite la sécheresse ou conserve l'humide dans sa vieillesse par l'usage; alors il est gras et ne dépouille plus. Voyez ce que nous en avons dit au *Traité de l'ébauche de la housse pour l'assiette*. Le mouleur doit opérer comme le tourneur d'assiette pour parvenir à extraire les pièces du moule, c'est-à-dire pour les en détacher, comme le tourneur; le mouleur broie et bat la pâte. Comme il doit se servir d'une peau de mouton jaune pour faire ses croûtes, il doit bien la mouiller pour l'étendre sur une pierre de liais, afin qu'elle ne fasse aucun pli; il étend la pâte avec le poing, puis avec le plat de la main, toujours en la serrant, et après, au moyen d'un rouleau en bois, il opère comme le pâtissier pour donner à la croûte la dimension en largeur et en longueur que comporte la pièce qu'il doit mouler; il se sert de règles d'épaisseur suivant les pièces à mouler. Une croûte est coupée en plusieurs parties ou ne l'est pas, si c'est une pièce de platerie. Il n'en est pas ainsi pour une soupière ou une saucière, ou un seau à verre, etc.; le moule doit être saupoudré comme le moule d'assiette. La croûte mise dans une partie du moule, ou sur le

moule, est d'abord arrangée avec les mains,
pour préparer la pâte et prendre la forme du
moule; par rapport à l'épaisseur, il faut faire
en sorte qu'elle ne fasse aucun bourrelet, ou
qu'elle ne se fende pas : ensuite l'éponge imprime. Il faut que les coups d'éponge soient don-
nés droits et de manière à ménager les épaisseurs; les parties creuses comme les filets sont
imprimées avec les doigts. Comme il faut rapporter de la pâte dans ces parties, il faut, avec le
pinceau mouillé, faire un peu barbotine et rapporter la pâte qui doit remplir les creux : on
tapote avec l'éponge sur cette pâte rapportée,
on trempe ensuite les doigts dans l'eau pour
frotter et bien égaliser, et ôter l'excédant du
rapport, même avec un ébauchoir; retaper
de nouveau avec l'éponge, et unir avec celle-
ci, un peu mouillée, en la passant et repas-
sant dans tout l'intérieur de la pièce; car pour
éviter un long travail dans le fini, il faut mouler de manière qu'il n'y ait que le papier sablé
qui serve pour l'uni de l'intérieur. La pièce
étant moulée, le mouleur rapproche les parties
du moule, qu'il réunit d'abord par les tenons
qu'il fixe, ensuite par une grosse ficelle qu'il
passe tout autour, vue extérieurement, et qu'il
arrête par une fiche en bois de sapin, qu'il introduit entre la ficelle et la paroi du moule, par
une ouverture qu'il fait avec un outil de fer.
Cette fiche, après avoir été tournée plusieurs
fois, fait disparaître le lâche de la ficelle, qui devient très tendue, et est arrêtée par un bout de

la même, que l'on passe à plusieurs tours, et que l'on fixe pour que celui-ci ne se relâche point.

La fixité étant bien assurée, il faut, avec l'ébauchoir, préparer les parties qui doivent être conjointes; avec un peu d'eau, faire ce que l'on pourrait appeler entaille, qu'on liquifie en légère barbotine, et, ajoutant un petit colombin dans cette entaille, on l'applique avec les doigts et les pouces quand on le peut, et on tape avec l'éponge pour resserrer toutes les parties entre elles; s'il y a trop de pâte, on l'ôte avec l'ébauchoir, et on retape encore avec l'éponge, avec laquelle on unit bien. On appelle cette opération ajuster; elle demande une grande attention, car si elle est mal faite, il peut en résulter un grand dommage au four.

La platerie se moule un peu comme l'assiette; mais pourtant il faut frapper avec l'éponge sur la pâte pour l'imprimer sur le moule. Le frappement doit être raisonné pour conserver les épaisseurs, et être fait droit; il faut bien prendre garde de déchirer la pâte. Les filets, les cordons, s'impriment mieux avec les doigts; on remplit les creux avec la pâte; on force avec celle-ci les angles pour prévenir les fentes, en la pressant et en la serrant; l'éponge unit. Comme les bords des plats et des jattes sont toujours plus épais qu'ils ne doivent l'être, on ôte la pâte de trop avec l'ébauchoir, en inclinant celui-ci sur le moule pour ne pas écorcher la pâte, et on retape avec l'éponge pour resserrer toutes ses mies;

ensuite on unit bien, de manière qu'il n'y ait que fort peu de chose à gratter quand on finit.

Pour les pieds (1), on fait un colombin proportionné; on mouille les doigts, que l'on passe dans cet état sur le contour où doit se trouver le pied, et on rapporte le colombin, que l'on presse avec les doigts pour lui donner la forme du pied: on l'amincit et on l'unit avec une mauvaise éponge.

Cette manière de former les pieds de la platerie ovale, est en général celle usitée; mais elle ne peut atteindre la régularité, parce que l'œil trompe le plus souvent. Il est des mouleurs qui forment le pied avec un moule; ceux-là peuvent espérer un ovale régulier dans le pied; mais alors il faut qu'ils saupoudrent le cul du plat ou plateau avec le poussier de biscuit, pour que le moule ne s'attache pas à ce cul, et qu'il pompe moins l'humide. Ainsi le pied étant moulé, mis à son épaisseur, il faut se hâter d'enlever le moule pour prévenir la fente, et tremper ensuite le pinceau humecté dans la barbotine ou dans l'eau, et le passer tout autour en dedans du pied, pour assurer la jonction, et prévenir le décollage au four, chose que l'on ne peut appréhender, le pied étant formé à la main.

Tout plat, plateau et jatte, à angles et à filets, doit, après le moulage, être démoulé et

_____

(1) On moule à cul plat maintenant.

mis dans des renversoirs garnis de poussier de tournasure. Ceci est impérieusement commandé par rapport aux fentes et la réussite au four. Le dépouillement est le même que celui que nous avons indiqué pour l'assiette. Si après avoir enlevé la pièce du moule, on aperçoit une fente, il faut se hâter de l'arrêter. Nous en avons indiqué la manière; les soins et les précautions signalent le bon ouvrier. Pour les pièces évasées, on ne les conserve droites qu'en les posant sur des rondeaux bien dressés, et en les renversant sur leur bord, quand ils sont droits, et quand la pièce est à demi-sèche.

Presque tous les mouleurs collent les garnitures à sec, comme le garnisseur : cette manière n'est pas la meilleure. Pour les pièces moulées, le collage doit être frais ; celui-ci est exempt de toute crainte au four ; c'est ainsi qu'on le pratique à la terre de pipe et autres. Dans les manufactures, autres que celles de porcelaine, on ne connaît point de décollage de garnitures au four.

Deux corps humides s'unissent mieux entre eux que deux corps secs. La garniture fraîche se prête à la pression et à l'application sur la pièce ; quand au contraire la garniture sèche résiste et demande à être ajustée, le collage frais économise même le temps. On verra que les répareurs de figures et de vases garnissent frais ; aussi rarement ils font un collage imparfait.

Du fini du Moulage.

Quand une pièce a été bien moulée, que les épaisseurs ont été données et conservées, et qu'elle a été soignée pendant la dessication, elle est plus qu'aux trois quarts finie ; nous n'en distinguerons pas même la platerie et les jattes. Cependant, nous dirons que le mouleur diminue et régularise les épaisseurs avec des lames de couteau, des morceaux de scie, et des outils de fer qu'il fait bien couper. C'est avec l'outil de fer préparé à cet effet, qu'il fait revivre les ornemens et les filets ; il se sert aussi de l'ébauchoir et du pinceau ; et pour les contours, les cordons, les cannelures, il doit faire et se servir de calibres en fer.

Les calibres font un beau fini ; moins il se sert de l'éponge pour unir, mieux cela vaut par rapport à la couverte qui, comme nous l'avons déjà dit, prend mieux sur le vif.

Toute pièce à couvercle, demande que le couvercle lui soit appliqué au sortir du moule, parce que séchant ensemble, il y a peu de chose à faire, quand on finit, pour bien ajuster le dernier ; et les formes, en se séchant, se conservent mieux.

Pour unir le moulage, on se sert de crin, mais le papier sablé est préférable ; l'uni en est plus beau, plus vif, et puis on ne trouve pas le crin dans la pâte, ce qui évite un décantage ; car la propreté est de rigueur pour la matière à porcelaine.

Toute pièce moulée doit rester sur le rondeau jusqu'au moment où elle est portée au globe.

Du Figuriste.

Pour faire un habile figuriste, il faudrait qu'il sût dessiner. Le moule ne rend pas toujours les traits, la chevelure, la draperie, les feuillages et les formes; mais le goût, mais la pratique viennent suppléer au dessin. Cependant, la figure représente l'espèce humaine, même tous les animaux. L'homme est paré de divers costumes, sa tête est ornée d'une belle chevelure, ou elle est nue; alors il faut conserver les belles formes. Des couronnes de chêne, de laurier, de myrte, ou la feuille de vigne, parent la tête; le voile laisse entrevoir Vénus, ou la tête de Virginie. Les feuillages embellissent les groupes ombrés par l'arbre, et la mousse vient garnir une terrasse : tels sont les objets précieux que le figuriste doit faire revivre et ranimer quand le moule devient rebelle, quand il a perdu ses beautés. L'ébauchoir et le pinceau finissent et adoucissent, l'outil de fer dégrossit.

Pour imprimer la figure dans le moule, il faut une pâte un peu molle, et pour prévenir le contre-moulage, on emploie un linge, parce que les doigts sont susceptibles de lever la pâte, puisque celle-ci s'attache à la chair et non à la toile qui, au contraire, la sèche. Pour bien imprimer, il faut fortement appuyer avec les doigts sur la pâte. Toute figure, toute tête, toute terrasse sont moulées creuses ; les bras et les cuisses le sont aussi. Les parties se rejoignent toutes avec la barbotine.

Tout se répare et se colle à frais ; c'est pourquoi les figures et leurs parties, au sortir du moule, sont mises dans des gazettes, couvertes de linge humecté, mais qui n'injecte pas l'eau : la gazette elle-même est couverte avec un rondeau.

La figure se cuit avec des supports en pâte de porcelaine. On supporte souvent la tête quand elle est penchée, les bras et les cuisses, les branches d'arbres, et généralement toutes les parties qui présentent une certaine surface.

Du Répareur de vases.

Un habile répareur de vases doit avoir une connaissance de la figure ; connaissant le dessin, il doit s'identifier avec tous les ornemens, tous les feuillages et l'architecture. Il ne dégrossit qu'avec l'outil de fer, mais il doit finir avec l'ébauchoir. Le pinceau ne doit lui servir que pour laver et adoucir.

Il est chargé de faire revivre les filets, les contours, la superbe feuille d'acanthe, le jeu de la feuille de persil, celui de la subtile feuille d'eau que le zéphir agite, la large feuille de palmier à reflets, la riante feuille de vigne, et les bas-reliefs qui peuvent embellir les vases à la Médicis.

Il doit songer que le feu mange un peu le

fini ; c'est pourquoi il doit le rendre vïf. La couverte ne cache aucun défaut.

Enfin, le jardin de Flore orne le vase. Voilà un beau talent qui n'est pas donné à tous les ouvriers en porcelaine.

Le répareur de vases moule comme le figuriste, finit et colle à frais comme lui. Ordinairement il surpasse en talens ce dernier, parce qu'avant d'arriver aux vases, il a dû savoir garnir et mouler dans la perfection. Il peut arriver au modèle. Le modeleur est le premier artiste.

Du Fleuriste.

Le fleuriste est un des peintres de la nature ; il est rare dans la porcelaine. Il n'y a guère que la manufacture de Sèvres qui fasse la fleur. Celle-ci ne figure que chez les grands ; elle pare les cheminées de leurs riches salons.

Louis XV fut piqué au nez par un bouquet de porcelaine : voilà le merveilleux ; mais il est peu commun.

La fleur se fait à la main avec une pâte préparée et gommée. Sa composition est la même que celle de la pâte de figure.

Du Camée.

Le camée tient un rang particulier dans la porcelaine, tant par la composition de la pâte que pour le travail. C'est un produit que tout le monde admire. Le camée représente les têtes des législateurs, des héros ; les bijoux de la nature. Son bleu d'azur émerveille. Voilà le camée.

Nous allons donner ici les compositions et indiquer les travaux.

Dans la composition du camée on y fait entrer de la pâte de porcelaine, du sable blanc d'Étampes, de la potasse blanche superfine et la soude d'Alicante.

A une partie de pâte de porcelaine on en ajoute deux de fritte broyée.

On opère ainsi qu'il suit :

Après avoir pilé, tamisé et bien mêlé les doses, on passe la quotité sous un four à faïence, ayant le soin de former un bassin de sable, et ce particulièrement, auquel on donne une grandeur équivalente à l'épaisseur de 0,2706, représentant 10 pouces.

Cette opération constitue la fritte. Extraite du four, on nettoie, on pile et on broie le tout dans un moulin. La meule doit être de grès.

On lave la terre.

Premièrement on met la pâte de porcelaine dans un vase rempli d'eau ; on délaie et on décante, même avant que l'eau soit reposée. On extrait du vase la matière blanche que comporte l'eau, que l'on transvase dans un autre vaisseau. On laisse reposer la masse liquide ; la terre se précipite au fond. C'est ce précipité qu'on désigne sous le nom de terre lavée.

Composition du bleu à camée.

Dans cette composition on y remarque trois ingrédiens, tels que la pâte à camée, la terre lavée, et le cobol ou cobalt, dans les proportions suivantes.

On opère ainsi pour faire ce bleu :

On prend un demi-kilogramme ou une livre de cobalt des Pyrénées ou de Suède, que l'on pile et que l'on tamise ; ensuite on le remet dans un creuset que l'on enterre dans du sable jusqu'à moitié de sa hauteur. Ce sable a été, à l'avance, préparé dans le four (comme dans celui de faïence); on donne un grand feu à cette composition, et celui-ci fait évaporer l'arsenic. L'évaporation ayant eu lieu, on trouve dans le creuset, au fond, un pain de métal à qui on donne le nom de cobol ou cobalt.

On ne prend que le régule de celui-ci, que l'on pile et que l'on tamise. A deux parties de cette composition on en ajoute une de fritte. (*Voyez* celle-ci, plus haut.) On mélange bien le tout, que l'on met dans un creuset, lequel est placé dessus le four. On obtient un bleu connu sous le nom de bleu royal.

Du Camée même.

Prenez de la pâte blanche et imprimez-la dans un moule de cuivre en forme de bague. L'impression bien faite, vous l'enveloppez de papier blanc et garnissez celui-ci de ronds de chapeaux ; pressez ensuite. (On entend ici qu'il faut une presse.) Quand le sujet a subi la presse, trempez un pinceau de poils de blaireau dans le bleu, peignez épais d'environ une pièce de dix centimes, quelque petite chose de moins, regarnissez ensuite de ronds de chapeaux, comme on l'a déjà dit, et soumettez une deuxième fois votre sujet à la presse. On conserve frais celui - ci en l'enveloppant de linges humides.

Moulage du sujet.

Le moule est de cuivre ; sa forme est celle d'un cachet. On enduit légèrement ce moule d'huile douce et d'essence de térébenthine. On sait que le moule qui représente un sujet a des parties saillantes élevées même sur sa surface ; qu'il présente encore des parties concaves qui forment des creux. Ces creux sont remplis de pâte pour maintenir ou pour donner les épaisseurs. On imprime avec le pouce, qui a plus de force pour la pression que les doigts. Le moulage étant parfait, il n'y a rien à réparer, sinon que la bavure du contour du médaillon à ôter, et à former le pourtour droit. Le sujet est posé sur la pâte colorée en bleu, et on passe de nouveau à la presse en garantissant le sujet pour opérer la jonction. Cette dernière pression dégage tout le cuivre, et le camée peut être mis au four. On le cuit ou dans le four à faïence, ou dans celui à porcelaine.

On doit faire remarquer que plus le feu est vif et long, plus la composition du bleu doit être réglée sur le degré de calorique qu'elle doit supporter, parce que celui-ci fait couler, ou mange les couleurs tendres.

Des Modeleurs.

La porcelaine emploie nécessairement deux modeleurs, l'un pour le service, l'autre pour la figure. Ces deux artistes ne sont occupés à la fois que dans les manufactures du premier ordre.

Nous allons d'abord nous occuper du modeleur de service. On entend par service dans la porcelaine, tous vaisseaux dont on fait usage sur la table, même à la cuisine. Ainsi toute pièce ovale, carrée, octogone ou triangulaire, et toutes garnitures et ornemens, sont du ressort de ce modeleur.

Oserions-nous dire que pour être un bon modeleur il faut connaître les quatre ordres de l'architecture. Il nous semble que dans la composition on doit y voir figurer le Corinthien, l'Ionique, le Dorique et le Toscan. La sculpture, cet art antique, ne saurait lui être étranger, car quoique Winkelman ait dit quelque part, que pour modeler, il suffit d'avoir la simple idée d'une chose, cependant, et surtout pour la porcelaine, il faut penser au sujet que l'on traite ; mais encore lui appliquer la réussite, puisque le four, souvent, vient tout gâter quand on ne sait prévenir ses ravages. Ainsi pensée du sujet et de ses grâces, et pensée de la réussite, voilà ce qui doit tout à la fois occuper le modeleur.

La terre, la cire et le plâtre, voilà les substances nécessaires pour faire un modèle. Il paraît qu'aujourd'hui le plâtre a remplacé la terre, pour le modèle du service. En effet, la terre prend du retrait, un rien peut la difformer, quand au contraire le plâtre devient un corps dur après qu'il a été gâché. Dès-lors, si le modèle est dessiné, il est facile, au moyen du compas, de calibres et d'outils de fer, de donner au plâtre la forme du modèle ; cette forme donnée, le plâtre la conserve mieux que la terre. Relativement aux ornemens, la terre et la cire peuvent être employées indifféremment. Elles sont accessibles l'une et l'autre au toucher de l'ébauchoir. Le pinceau ne doit pas adoucir la cire, il ne peut lui être utile.

Des Moules.

Les moules demandent aussi une étude particulière pour leur confection. On doit les raisonner pour leur forme et pour leurs divisions suivant le sujet qu'ils doivent reproduire. Il faut bien connaître la dépouille, car une partie concave sort difficilement d'une partie convexe quand la première est arrondie. Il faut calculer la quantité de pièces dont doit être divisé le moule pour faciliter la dépouille au moulage. Tout moule à anse doit avoir des fosses pour les bavures, et tous doivent être fixés dans leurs parties, rapprochées par des tenons, divergens dans leurs formes.

En général les moules doivent indiquer les épaisseurs des bords. Cette indication dirige l'ouvrier mouleur pour les épaisseurs proportionnées. Pour la platerie, il faut que le bord des moules soit en talus; cette inclinaison, en même temps qu'elle aide à la dépouille, guide pour l'épaisseur à donner à la partie évasée de la pièce.

Enfin, pour les moules à deux parties, outre les tenons pour indiquer le rapprochement et l'ajustement, il faut encore faire une rainure tout autour du moule, à son milieu, vu extérieurement, dans laquelle on introduit une ficelle, qui conjoint les parties et que fixe une fiche en bois de sapin, fixée elle-même par la ficelle bien tendue.

Finalement, nous dirons qu'un parfait modeleur, outre le génie qui lui est indispensable pour son genre, doit connaître tout le travail des pâtiers. (1)

Du Modeleur de Figure.

L'histoire est le guide de ce modeleur; il y

---

(1) On fait des mères de moules; c'est-à-dire, qu'on coule plâtre sur plâtre pour représenter le sujet en en entier. De cette manière, on conserve le modèle, et on coule dessus en plâtre long-temps. (*Voyez* à la fin du traité pour les moules à feuilles de cuivre.)

trouve les grands hommes et leur caractère : les Romains lui signalent les beautés et l'amour ; l'architecture et la sculpture lui offrent des sujets de composition qui représentent des temples et des colonnes.

Un guerrier et un législateur ont un physique et des regards différens ; leur costume n'est pas le même ; le dieu Mars présente le front de la valeur, et Lycurgue à la tribune a le regard persuasif, sa bouche s'ouvre pour dicter ses lois à la république. Mercure est léger, il vole vers les pôles pour le commerce, et Vénus appelle l'amour ; les Bacchantes enfin sont voluptueuses.

Tels sont en peu de mots les objets qui doivent frapper l'imagination du modeleur de figure ; il lui faut un grand dessin, surtout une imagination vive. Il doit aussi étudier la réussite, puisque ses sujets vont confier leurs belles formes et leurs mouvemens au dévorateur calorique.

La terre et le plâtre sont employés par ce modeleur ; ses instrumens ou outils sont en fer ; l'ébauchoir et le pinceau de poils de blaireau. Il fait aussi usage de pinceaux de poils de cochon, pour maintenir les moules dans un état de propreté et enlever de dessus, les coupures qu'il fait, pour dresser et unir le moule et lui ôter les épaisseurs et les masses superflues. Ce modeleur encore fait usage de règles, de baquets pour y mettre la terre à modeler, et de terrines pour y mettre de l'eau.

Le choix du plâtre n'est pas indifférent ; il le faut bien couvrir pour empêcher qu'il ne s'évente. Il faut gâcher plus ou moins clair, suivant les sujets. Le plâtre qui doit reproduire la figure et les ornemens doit être passé au tamis de soie ; pour les épaisseurs du moule, on peut, si on le veut, ne le passer qu'au tamis de crin ; dans les parties concaves on y introduit le plâtre avec un pinceau, ou l'on se hâte de souffler pour que le plâtre s'imprime de toutes les parties fines du sujet, et prévenir les bouillons ou boursoufflures.

Un plâtre bien gâché, quand il a été bien choisi, bien conservé et coulé habilement, rend le sujet parfaitement net.

Comme le modeleur de service, celui de figure doit savoir diviser, et avec beaucoup d'intelligence, le moule en différentes parties, pour faciliter la dépouille au moulage en porcelaine, et combiner les contours extérieurs, pour que chaque partie du moule se détache facilement de la chappe, ou boîte d'encaissement du moule, également en plâtre.

Pour que les parties d'un moule se détachent entre elles, on fait usage d'argile délayée dans l'eau, ou de savon blanc auquel on ajoute une ou plusieurs parties d'huile d'olive, que l'on fait chauffer ensemble pour en obtenir le mélange, à l'aide d'un petit cylindre de bois, ou enfin d'essence de térébenthine. Avec un pinceau de poils de blaireau on enduit, d'une de ces substances, les parties du moule qui doivent se détacher; quand on procède au moulage en pâte de porcelaine, on enterre lorsque le moule, devenu trop vieux, exige d'être refait.

Il nous semble que depuis long-temps les entrepreneurs de manufactures de porcelaine, dans leurs intérêts, et pour la perfection dans le fini en pâte, auraient dû chercher une autre matière que le plâtre pour faire leurs moules. A une humidité continue le plâtre se dégrade à l'usage du moulage; il devient gras et ne dépouille plus; séché au feu il se calcine, pour peu que ce dernier soit élevé à un degré supérieur. De ces inconvéniens il résulte qu'à un usage, même pas très long, toutes les finesses des modèles se perdent dans les moules, et qu'encore, devenant inserviables, il faut les renouveler même souvent.

Dès-lors imperfection fréquente dans le fini, et dépense considérable pour le renouvellement des moules.

Peut-être dira-t-on qu'une manufacture ne s'élève et ne prospère qu'autant qu'elle offre souvent de nouveaux modèles; que conséquemment il faut prévenir la haute cherté des moules. A cette objection nous répondrions que les orfèvres sont dans le même cas, et que pourtant ils ne font point usage de moules de plâtre; la matière qu'ils emploient pour leur moule n'est pas pour eux en pure perte, parce qu'ils en ont fait usage : comme elle est fusible, ils la refondent, et elle leur sert encore.

On aura remarqué à la page 253 que le moule du camée est de cuivre, et qu'au moyen d'huile douce et d'essence de térébenthine, employées légèrement, la dépouille s'opère parfaitement, parce que l'air pompe l'humidité introduite dans la pâte de porcelaine, et que les deux substances dont on enduit le moule empêchent la pâte de se gripper après.

D'après cet exposé, il nous semblerait que pour les sujets de prix qui exigent un fini soigné, comme l'ornement, le feuillage et la figure, le fabricant de porcelaine pourrait faire couler le cuivre ou le plomb, par exemple, sur le modèle en plâtre ou en terre, ou en cire; former de ce coulage une feuille légère, et forcer le moule avec le plâtre coulé sur la feuille de cuivre. Si ce moyen nouveau, que nous indiquons, ne pouvait être praticable, nous conseillerions alors de faire emploi de talc pour l'empreinte du modèle, et de continuer l'emploi du plâtre ordinaire pour la force du moule, et d'ajouter au talc la fleur de soufre, en gâchant, parce qu'il nous a paru que le soufre prévient le gras que tout ce qui est plâtre prend par suite d'un service au moulage, ou de gâcher le plâtre avec de l'eau et de l'urine. (1)

Section des Gazettes..

Les gazettes sont formées avec trois parties

---

(1) L'urine de cheval rend à la longue le plâtre extrêmement dur.

d'argile pure et deux parties de la même argile cuite en grès, connue sous le nom de ciment, plus ou moins, suivant la ductilité de l'argile et du sable qu'elle contient; car, pour les gazettes, on ne se donne pas la peine de laver la terre.

Pour battre le ciment on fait usage d'une forte batte garnie de clous à tête ronde, qu'on lève à bras; on bat sur une maçonnerie élevée à ceinture d'homme, sur la surface de laquelle est fixée une pierre dure, propre à résister long-temps aux coups de la batte.

Le ciment est mis en tas dans un local particulier; les gazettes qui ne peuvent plus servir forment du ciment.

La terre à gazette se marche, le ciment est jeté sur la masse après avoir été passé au crible; il est mélangé à la terre par le marchage, qui s'opère comme pour la pâte de porcelaine. La terre marchée est mise en ballons de six à sept kilogrammes, ou douze à quatorze livres.

On fait des gazettes rondes et ovales de plusieurs dimensions. On en fait de particulières pour les tasses et les soucoupes. Les gazettes de dimension sont percées dans leur milieu.

Le travail du tourneur est le même que celui du tourneur en pâte, mais il exige bien moins. On tournasse grossièrement la gazette; le cul est plat, et on l'unit avec une lame de grand couteau mouillée dans l'eau. Pour unir, il faut incliner la lame sur le cul de la gazette et adoucir l'angle avec une éponge grossière.

Les gazettes séchées trop précipitamment sont sujettes à se fendre.

Pour rendre une gazette ovale, on la coupe en quatre parties dans le fond, on rapproche les parties coupées, que l'on joint avec de la terre fraîche et de l'eau. Les doigts sont les premiers instrumens pour opérer la jonction par la terre; pressée ensuite avec le pouce, on unit avec une espèce d'estec de bois.

On met les gazettes sur des planches sur lesquelles on les laisse, jusqu'à ce qu'arrivées à une certaine sécheresse, elles puissent être mises en piles.

On fait aussi des cercles de gazettes, pour élever la gazette même, et des rondeaux que l'on met dedans, et sur lesquels on pose les pièces de porcelaine que l'on met au four lors de la cuisson.

La gazette prévient le contact immédiat de la flamme au four. Chaque grande pièce doit avoir sa gazette. La tasse, la soucoupe, le coquetier, le pot à rouge sont réputés petites pièces, et peuvent être contenus dans une grande gazette, au nombre de six, huit, dix et douze. Quelle que soit la pièce, on ne peut la cuire l'une dans l'autre, ni l'une sur l'autre.

CHAPITRE V.

SECTION I.

De la Cuisson.

Il importe de faire remarquer qu'un four neuf doit être séché par le feu. On remplit ce four de gazettes pour les sécher pareillement au feu ; elles obtiennent un degré de dureté qui est à l'avantage de la porcelaine. On sèche le four à un petit feu de six à huit heures.

Dans tout état de chose, il faut chasser l'humidité du four et de la gazette, la porcelaine ne pouvant la supporter à la cuisson.

La cuisson de la porcelaine est une opération fort délicate, de laquelle dépend le sort d'une manufacture. Autant que possible, un fabricant doit savoir enfourner et pouvoir diriger le feu, et connaître quand le four est cuit.

Cependant, avec un bon enfourneur, le fabricant peut se borner à la surveillance, ou confier celle-ci à un directeur entendu.

On cuit deux fois la porcelaine, une seule fois la peinture et la dorure ; à moins qu'on ne ne repasse celles-ci, qui se cuisent à la moufle pour cause de quelques défauts.

La première cuisson de la porcelaine s'appelle cuire le biscuit. Elle est nécessaire pour donner un corps propre à recevoir l'émail ou couverte. Il ne faut pas que le biscuit ait trop de feu, car étant trop dur il prend mal l'émail qu'il doit happer, ce qu'il ne ferait pas si on lui avait donné trop de feu. Quand on ne cuit qu'en biscuit, le feu doit être conduit modérément et ne pas durer plus de six à huit heures. C'est, disons-nous, un petit feu qu'il faut donner.

La marchandise est mise dans la gazette comme au grand feu pour la cuite de l'émail.

On met pareillement au globe, et on peut mettre quelques pièces sur les gazettes renversées (1), et la fumée qu'elles éprouvent ne leur cause aucun dommage, parce qu'on l'enlève avec une petite brosse de poils de cochon.

Nous ferons remarquer que la figure n'étant point émaillée, porte le nom de biscuit mais elle doit se cuire au grand feu. On doit donner à la pâte de figure une ductilité plus forte que celle du service qui reçoit l'émail, parce qu'au grand feu elle ferait émail et perdrait alors plus de moitié de sa valeur pour la vente.

SECTION II.

Encastement.

Encaster, c'est mettre la pièce de porcelaine dans la gazette; toute garniture doit être mise

---

(1) On entend par *gazette renversée* celle dont les bords sont retournés et posent sur le plancher du globe, ou sur une autre gazette, dont le fond alors présente sa surface, et sur lequel on place les pièces à biscuire.

en dedans; en dehors elle souffrirait beaucoup. La porcelaine ne peut, comme la poterie, se mettre au four en échappade, encore moins s'empiler. Pour la cuisson de l'émail, la gazette et le rondeau doivent être enduits, avec un pinceau de poils de cochon, de mauvaise pâte délayée dans l'eau, ou de sable de grès blanc délayé également dans l'eau, pour prévenir toute fausse teinte que l'émail pourrait prendre à la cuisson.

Nous parlerons de l'enfournement, quand nous aurons traité l'article de la mise en émail.

SECTION III.

De la Mise en Email.

Nous avons indiqué à la page 212 et suiv. la préparation de l'émail, et nous avons donné les doses de composition. Dès-lors il ne nous reste plus qu'à parler de son emploi et du travail qu'il occasionne.

L'émail préparé est mis en réserve dans des baquets que l'on couvre soigneusement pour empêcher l'introduction de toute poussière ou malpropreté dans l'émail.

L'eau surnage la masse qui repose au fond du baquet. Avant de tremper, il faut, avec un bâton, remuer cette masse qui, mélangée ou imprégnée d'eau, forme un tout liquide. L'émailleur ensuite trempe un morceau de biscuit dans l'émail, qu'il retire promptement, qu'il égratigne à une ou deux places pour en reconnaître l'épaisseur, qui ne doit pas être au-delà d'une pièce de six liards ou d'une mince feuille de papier à sucre.

Si l'épaisseur est trop forte, il ajoute de l'eau, remue de nouveau la masse, mais avec la main, trempe de nouveau un morceau de biscuit qu'il égratigne avec l'ongle comme on vient de le dire. L'épaisseur étant bonne, il procède à la trempe. Tremper, c'est plonger la pièce biscuitée dans l'émail.

Les pièces de forme se plongent dans l'émail en inclinant, pour faire entrer ce dernier dans la pièce en même temps que l'extérieur s'en couvre.

La pièce est tenue par le bord et par le pied, suivant sa forme et sa dimension, avec le ou les doigts des mains. La trempe doit être hâtive; comme aussi il faut se hâter de verser dans le baquet l'émail qui est entré dans la pièce, autrement l'épaisseur donnée étant trop forte, elle n'entrerait que mal en fusion au grand feu, et ne ferait pas corps avec la pièce. Une épaisseur trop mince laisserait voir à la sortie du four une porcelaine à peu près brute.

L'émail formant bourrelet sur les bords, pour le faire disparaître, au sortir de la trempe, l'émailleur passe légèrement un doigt sur le bord de la pièce. A mesure qu'une pièce est trempée, elle est mise sur une planche, et celle-ci étant remplie est mise sur le rayon.

L'assiette se tient par les doigts, et est ainsi plongée dans l'émail, en l'inclinant en dedans et en l'inclinant ensuite dans le sens opposé pour faire prendre à l'assiette l'émail dans toutes ses parties, vu intérieurement comme extérieurement. Elle se met aussi sur une planche; mais, pour que celle-ci en tienne davantage, les premières trempées sont posées dessus, sur leur pied, les secondes bord à bord, et les troisièmes pied à pied sur les secondes. De cette manière, une planche peut être chargée de 10 à 13 assiettes.

Pendant la trempe, il faut souvent la remuer pour maintenir l'épaisseur; et, quand celle-ci devient trop faible, l'émailleur y ajoute de la matière toute préparée, qui, remuée, se dissout dans l'eau et rétablit l'épaisseur.

SECTION IV.

Du Repassage de l'Émail. (1)

Repasser ou retoucher l'émail, c'est ôter avec une lame de couteau, non coupante en quelque sorte, les gouttes de l'émail formées lors de la trempe; de gratter des bords et des pieds des pièces l'émail, le plus souvent avec un outil de fer-blanc, formant calibre pour les bords intérieurs, et des brides de couvercles; de frotter ensuite ces diverses parties avec un morceau de chapeau taillé en fiche, ou une pate de lièvre ou de lapin, afin de ne laisser aucune trace d'émail; et, par ce moyen, empêcher qu'au four les pièces couvertes ne

_____

(1) En terme pratique, on dit *retoucher l'émail*.

fassent corps avec les couvercles, ou les pieds avec les rondeaux de gazettes. Quelquefois il faut recharger les bords des pièces non couvertes d'émail, et particulièrement les angles ou les parties à filets et saillantes ; et aux brides de couvercles, aux bords intérieurs, il leur faut un enduit de sable de grès blanc délayé dans l'eau, enduit qui se fait avec un pinceau de poils de cochon : cet enduit facilite le détachement du couvercle de sa pièce, après que celle-ci a été défournée. Pour faire tout ce travail, il faut que l'émail sur la pièce soit arrivé à un état de blancheur.

Toutes les pièces de porcelaine ainsi émaillées, restent sur les planches dans l'émaillerie, jusqu'à ce qu'elles soient portées pour être encastées et mises au four.

On fait observer que si, après la trempe, on aperçoit sur le bord ou dans le corps de la pièce, même dans le fond, une petite côte, c'est que cette même pièce était fendue. Dans ce cas, on la casse, on gratte ou on frotte avec un pinceau presque entièrement coupé, l'émail, et on la met dans les cassures de biscuit. Une garniture qui n'aurait pas été bien ajustée sur la pièce, pour peu qu'il y ait du vide, l'émail forme côte à l'endroit, comme il le fait aux fentes.

Toute pièce fendue avant d'être mise en émail sonne le K, ce qu'on reconnaît en la frappant, soit avec le bout du doigt, soit avec le doigt courbé. Le raccommodage est impossible : il faut casser et mettre au biscuit.

SECTION V.

De l'Enfournement.

On commence, après l'encastement, à couvrir de sable la plateforme du four. Ce sable permet de former les piles des gazettes bien droites, et empêche que dans la fusion les gazettes ne s'attachent aux briques de la plateforme du four. Sur les bords des gazettes, on met un colombin pour fixer les cercles dessus et pour les élever en piles. On forme le pourtour de petits creux; et entre les gazettes de dimension on place les manchons, petites gazettes dans lesquelles on met la tasse ou la soucoupe, etc. On élève la pile ou rang à quatre pouces ou 0,1082 de la voûte, et on met un rondeau de gazette sur la dernière de la file. On appuie les gazettes ou les files par un support en terre, que l'on applique d'abord aux parois du four et au premier rang de gazettes. On met trois à quatre supports en hauteur, de distance en distance, et ensuite entre les piles. Entre celles-ci, il doit y avoir un jour pour le jeu de la flamme, de la largeur de trois doigts.

On forme les rangs ou files, toujours en rond, et en resserrant en dedans, jusqu'à la bouche du four ou porte d'entrée. Les grandes pièces et les figures se mettent dans les files ou rangs du milieu, parce que la flamme, qui toujours tourne, joue avec plus de force dans cette partie.

La gazette de montre, coupée sur le devant, se place sur la dernière gazette de file, devant la bouche ou porte du four; on met dans celle-ci six à huit montres; ces montres sont des tasses auxquelles on a fait un trou circulaire pour pouvoir y introduire le bout d'une tringle de fer, lorsqu'on en veut tirer du four pour s'assurer du degré de cuisson.

Le four étant plein ou rempli, on clôt la bouche par un mur de briques de l'épaisseur du four, que l'on maçonne avec de la terre appelée *de four;* au haut de ce mur, on laisse un jour de l'épaisseur, en tous sens, d'une brique, qu'on y introduit et qu'on maçonne pareillement à l'extérieur, avec de la terre nommée ci-dessus : ce trou circulaire s'appelle *bouche de montre.*

Après le four, on enfourne le globe, mais avec moins de précaution que le four, parce qu'il ne s'agit que de biscuits. On ne maçonne pas la bouche du globe.

De la Mise de feu au four.

SECTION VI.

Cuite de l'Email.

Pour cuire le biscuit ou l'émail, on se sert de bois blanc, bien sec et fendu; sa longueur doit être égale à celle de l'alandier; communément on brûle 7 à 8 stères (1) de bois par

_____

(1) Le stère répond à un peu plus de 29 pieds cubes.

fournée. (On doit toujours en avoir en avance pour une ou plusieurs fournées.)

Si le four manque de tirage, c'est un défaut de construction; on peut néanmoins lui en donner, en allongeant d'une brique le carneau de l'alandier. C'est une grande erreur de la part des auteurs qui ont avancé qu'on donnait du tirage à un four en jetant dedans, par la cheminée, de la paille ou des copeaux : si cela se pratique en Allemagne, cela n'a pas lieu en France.

Pour allumer le feu, on jette dans les alandiers des copeaux, de préférence à la paille; ce combustible étant enflammé on met dessus des bûches de longueur, et on bouche les alandiers d'une plaque de tôle ou de fer. Ce recouvrement ne laissant aucun jour à la flamme, celle-ci s'introduit dans le four par les carneaux des alandiers, et son action produit un heureux résultat.

On entretient ce petit feu pendant six heures, laissant toujours, après les avoir entretenus de bois, les alandiers couverts.

Dès que l'enfourneur s'aperçoit que la flamme devient vive, ce qui annonce que le four est chaud dans toute sa circonférence intérieure, alors il couvre les alandiers. Couvrir l'alandier, c'est mettre sur son rebord intérieur le bois scié et fendu, et le charger, jusqu'à hauteur excédante un peu l'alandier vu intérieurement.

Quand celui-ci commence un peu à baisser,

il faut recharger, égaliser le bois aux deux extrémités, avec un morceau de celui-ci, et ne frapper que modérément pour prévenir les coups de feu. On charge de même, c'est-à-dire sans frapper sur le bois enflammé, pour le faire tomber dans l'alandier. La direction du feu commande et la vigilance et la prudence; il ne faut jamais laisser tomber un alandier : on entend qu'il faut toujours, et à temps, l'entretenir de bois. Pendant la cuisson, il faut tenir avec soin les portes et les croisées fermées.

Au bout de 16 à 17 heures de grand feu, on retire une montre : pour cela, on démaçonne la brique que l'on retire hâtivement de la bouche de montre; on jette un coup d'œil dans le four, car à mesure que la flamme blanchit, c'est l'annonce que le four est près d'être cuit. On remet de suite la brique que l'on remaçonne avec de la terre, et puis après on examine la montre. Par cet examen, on reconnaît combien on a encore de feu à donner à peu près. De demi-heure en demi-heure, et puis de quart d'heure en quart d'heure, on retire les montres. Quand on pense que la porcelaine est cuite, qu'il n'y a plus de fumée dans le four, ce qu'on reconnaît à l'examen de la flamme, qui doit être bien blanche; après avoir refermé la bouche de montre, s'il faut donner une charge ou deux on les donne, et ensuite on laisse tomber les alandiers, et on les couvre avec une plaque de fer. Laisser tomber un alandier, c'est ne plus lui fournir de bois.

On ferme bien le bâtiment du four et de la cheminée, et vingt-quatre ou vingt-six heures après on peut défourner. La fermeture indiquée prévient les accidens dans les fours, comme explosion cassante ou tressaillement d'émail.

La composition des pâtes faite aujourd'hui sur les lieux mêmes de l'extraction du kaolin et du pétunzé, ne laissant plus ni doute ni incertitude, de même qu'on est certain de la composition de l'émail; si, d'après ces données certaines, une fournée n'est pas assez cuite, présente des bouillons ou de la fumée, la faute en est tout entière à l'enfourneur, qui a mal dirigé et conduit ses feux, surtout quand il n'a employé que du bois bien sec : on sait que tout bois mouillé ou humide ne brûle pas.

Du Défournement.

Il faut éviter de défourner trop chaud, parce que, dans cet état, on aurait à craindre que les pièces vinssent à éclater, ou le tressaillement.

On commence par démaçonner la porte du four, et après, et successivement, on retire les gazettes du four, et de celles-ci les pièces de porcelaine. A l'égard de celles qui ont un couvercle pour détacher celui-ci de sa pièce, on frappe doucement le dessous du bord du couvercle avec le bout usé et arrondi d'une lame de couteau, ou avec un outil de fer en forme de ciseau ; si le pied de la pièce tient sur le rondeau de la gazette, on frappe de même avec l'un ou l'autre de ces instrumens. A mesure que l'on ôte la marchandise de dedans les gazettes, on la met dans de grands paniers d'osier à anses, et on porte ces paniers au magasin; c'est là qu'on trie et qu'on classe les choix : on déforme ensuite le globe et on porte le biscuit a l'émaillerie.

Défectuosités des pièces.

Il y a des pièces qui, parce qu'elles ont été un peu collées, soit avec leur couvercle, soit avec le rondeau de la gazette, ou parce que le sable de grès blanc, qui a été mis sur ce rondeau à l'encastement, s'est, par la cuisson, trop attaché au pied d'une pièce, sont pour ces causes devenues un peu défectueuses, et encore parce qu'elles ont un peu gauchi à leur base, alors on est obligé de redresser autant que possible, ou les gauches, ou de faire disparaître les écornures ou le sable.

Pour le gauche, on passe à l'eau et au sable sur une pierre de liais ; pour les autres défectuosités, on fait usage de la pierre ponce trempée dans l'eau.

En Allemagne, voici comment on procède pour ôter le sable et faire disparaître le gauche ou les écornures possibles.

On a dans la manufacture un ouvrier des-

tiné à ce travail, qui se sert d'une roue d'é-
tain ou de fer, semblable en tous points à celle
dont on se sert pour tailler les verres et les
flacons de cristal. S'il reste du sable, on l'enlève avec un morceau de porcelaine cuite en
biscuit dur trempé dans l'eau, et que l'on
frotte sur la pièce jusqu'à l'entière disparition
du sable; la pièce ensuite est passée, ou sur
une plaque de métal, ou sur une pierre, avec
de l'eau et du sable: par ce passement l'ouvrier
fait entièrement disparaître la défectuosité.

Pour revenir à la roue, elle est posée horizontalement sur un axe de même métal, elle
tourne sur un crapaud d'acier fixé dans une
base; l'axe est chargé d'une poulie, autour
de laquelle dévide une corde de boyau qui
passe autour d'une grande roue de bois bom-
bée, dont l'axe vertical est posé parallèlement
à celui de la petite roue, et une manivelle pour
la mettre en mouvement; et ce mouvement,
cette manivelle le communique à la petite
roue de fer, comme 1 est à 12 : ainsi le mouvement de la petite roue est très accéléré. L'ouvrier répand l'émeri broyé à l'eau sur la roue
de fer, et passe les porcelaines chargées de
sable vitrifié sur cet émeri, jusqu'à ce qu'il
ait totalement enlevé ce sable, etc.

SECTION VII.

De la Réparation et reliure des Gazettes.

Immédiatement après la défournée, ou le

lendemain au plus tard, l'enfourneur et le garçon de four s'occupent de mettre en files les bonnes gazettes; celles qui sont par trop fendues ou en morceaux sont mises à part pour être reliées.

Relier une gazette, c'est passer à son pourtour une ficelle bien tendue et arrêtée par une fiche en bois que l'on introduit dans un nœud ouvert que l'on forme avec la ficelle non encore bien tendue; et, après avoir fait faire plusieurs tours à ce nœud avec la fiche, on prend un ciseau ou un outil que l'on introduit entre la ficelle et la paroi de la gazette, et dans l'ouverture on y introduit la fiche, que l'on fixe avec un petit coulant de ficelle, tourné lui-même autour de la fiche que l'on arrête en formant un nœud.

Les gazettes, en deux et trois morceaux, sont rajustées et reliées de même : celles qui ne peuvent plus servir pour cause de trop grande dégradation sont destinées au ciment. Une gazette peut aller quinze à vingt fois au feu, quand la terre est bonne. Après le reliage des gazettes, on dresse les rondeau en les passant sur une plaque de fer bien droite et sur laquelle on met du sable gris. C'est ce sable qui, échauffé par le passement du rondeau sur la plaque, mange tout le gauche. Lorsque toutes les gazettes sont reliées, les rondeaux redressés et mis en place, on nettoie l'intérieur du four et le local.

Finalement, tout le bois scié et fendu, est

rentré au four pour y sécher ou y être maintenu sec. En hiver, particulièrement, on fend le bois dans le bâtiment du four.

Tels sont, en général, les travaux que comporte la fabrication de la porcelaine.

CHAPITRE VI.

DE LA COMPOSITION DES COULEURS, DE LA PEINTURE, ET DE LA CUISSON.

SECTION I.

Composition des Couleurs.

AVANT d'entrer en matière sur la composition des couleurs, nous allons présenter un léger aperçu sur leur origine, d'après le célèbre Haüy, et le sensible et profond Bernardin de Saint-Pierre, cet homme qui fut toute sa vie l'ami de l'humanité.

« Les rayons que les corps lumineux, dit l'abbé Haüy, envoient immédiatement vers nos yeux, nous apportent les images de ces corps accompagnées de cette vive clarté que nous désignons souvent par l'expression de lumière. Ceux de ses rayons, qui sont réfléchis par les corps susceptibles de les repousser, viennent de même nous avertir de la présence de ces derniers corps, en nous offrant leurs images,

mais sous une apparence particulière que nous
exprimons par le mot couleur. Les physiciens en ont conclu que la réflexion ne se bor-
nait pas à renvoyer vers nous les rayons dans
le même état où ils sont reçus par la surface
réfléchissante, et qu'il faut que cette surface
ait une certaine disposition propre à modifier
l'action des rayons, en vertu de laquelle ils
nous font apercevoir les images des corps
comme parés et habillés de leurs couleurs. »

Ce sont encore, disent les physiciens, des
réfractions de la lumière sur les corps, comme
le démontre le prisme qui, en brisant un rayon
du soleil, le décompose en sept rayons colorés,
qui se développent suivant cet ordre : le rouge,
l'orangé, le jaune, le vert, le bleu, l'indigo
et le violet.

M. Bernardin de Saint-Pierre objecte que,
« si les couleurs des objets ne naissent que de
la réfraction de la lumière du soleil, elles devraient disparaître à la lueur de nos bougies,
car la lumière des bougies ne se décompose
point au prisme.

« Il y a quatre couleurs, dit-il, qui sont
composées ; car, l'orangé est composé du jaune
et du rouge; le vert, du jaune et du bleu et du
rouge ; et l'indigo n'est qu'une teinte de bleu
chargée de noir : ce qui réduit les couleurs solaires à trois couleurs primordiales, qui sont :
le jaune, le rouge et le bleu, auxquelles, si
nous joignons le blanc, qui est la couleur de la
lumière, et le noir qui en est la privation, nous

aurons cinq couleurs simples, avec lesquelles on peut composer toutes les nuances imaginables. »

Nous ne pousserons pas plus loin nos recherches sur l'origine des couleurs, parce que ce n'est point un traité sur cette partie importante des arts libéraux que nous avons eu en vue. Il nous suffit d'offrir quelques vues primitives, et d'ajouter que si les rayons du soleil ne reproduisent pas toujours les couleurs, comme semble le faire remarquer Bernardin de Saint-Pierre, que la connaissance des couleurs, et l'idée de les rendre par l'art, résultent de l'examen de l'horizon, qui, vu aux premiers feux de l'aurore, et vers le crépuscule, représente deux phases, où dans les beaux jours brillent les rayons solaires qui offrent à la vue des nuances que les hommes ont appelées couleurs.

Il est constant que les couleurs se nuancent différemment en s'élevant à l'horizon; car on a remarqué que le jaune, s'élevant à quelques degrés au-dessus de l'horizon, passe à l'orangé, et cette nuance d'orangé s'élevant encore devient un vermillon vif qui s'étend jusqu'au zénith. (On sait que les pôles, en terme de géographie, sont appelés le zénith et le nadir.)

L'arc-en-ciel même aura fait concevoir l'idée des couleurs et fait penser dans l'antiquité, que le soleil, frappant sur ce fragment liquide du globe, il en était la cause primordiale. Si la lumière de nos bougies ne se décompose point au prisme, comme le dit Bernardin de Saint-Pierre, il n'en est pas moins positif, que la lumière de la bougie reproduit par le moyen du prisme les couleurs. Donc, toute lumière produite par une action de chaleur reproduira les couleurs, suivant que celles-ci en sont plus ou moins rapprochées. Le calorique lui-même présente diverses couleurs : la lumière du jour, seule, fait reparaître les couleurs de Flore et celles de l'art. L'ombre éteint les couleurs.

Revenant à l'arc-en-ciel, nous dirons, avec les physiciens et les naturalistes, qu'il se développe quand un nuage opposé au soleil luisant se résout en pluie, d'où il suit que le spectateur a toujours le dos tourné au soleil ; qu'assez ordinairement on aperçoit deux arcs, l'un intérieur, dont les couleurs sont plus vives, l'autre extérieur et plus pâle : tous deux présentent la même suite de couleurs que l'image reproduite par le prisme ; c'est-à-dire, le rouge, l'orangé, le jaune, le vert, le bleu, l'indigo et le violet ; mais, dans l'arc extérieur, c'est le violet. Ces deux arcs dépendent de la réfraction de la lumière combinée avec réflexion.

De la Peinture sur la Porcelaine.

Il y a plusieurs choses à examiner dans l'art de peindre la porcelaine :

1°. La composition des couleurs ;

2°. Les fondans, qui donnent de la liaison et de l'éclat;

3°. Le véhicule pour appliquer ces mêmes couleurs;

4°. Le feu pour fondre ces mêmes couleurs sur les vases de porcelaine qui en sont décorés.

SECTION II.

Des Véhicules.

On appelle véhicule, dans l'art de la peinture de la porcelaine, une matière liquide, avec laquelle on broie les couleurs sur une palette de verre, pour lier toutes les doses entre elles, et pouvoir ensuite les appliquer avec le pinceau sur la porcelaine.

L'huile de lavande est le véhicule qui paraît avoir obtenu la préférence.

On prend une quantité, à volonté, de cette huile non adultérée, que l'on met dans une cucurbite de verre, dont les deux tiers restent vides ; on y adapte un chapiteau et un récipient, on lute le tout avec des vessies mouillées, ou avec des bandes de papier collées, sur lesquelles on met du lut gras. On procède ensuite à la distillation, et on conserve à part, dans des vases différens, les deux espèces d'huiles, c'est-à-dire, l'huile distillée, et celle qui est restée au fond de la cucurbite. Il est évident qu'en combinant ensuite ces deux substances, dont l'une est épaisse, et l'autre limpide, on obtiendra une densité moyenne, propre à en faire usage pour l'emploi des couleurs. Si ce composé vient à s'épaissir, on y ajoute de l'huile distillée, et l'on broie avec la molette de verre; si, au contraire, le mélange devient trop clair, on l'épaissit avec l'huile la plus épaisse.

SECTION III.

Des Fondans.

Les fondans sont des substances propres à faciliter la fusion et à lier les parties sans changer leur nature et leur intensité, mais propres à leur donner de l'éclat. Ces substances sont vitreuses et fusibles par elles-mêmes, pour pouvoir communiquer cette fusibilité aux corps qui en sont susceptibles. Il est donc divers fondans, mais nous n'indiquerons ici que celui qui est propre aux couleurs pour la porcelaine, afin de ne pas trop étendre notre ouvrage, et surtout sur des matières qui lui sont étrangères.

Le fondant que nous allons indiquer est celui qui a été décrit par M. de Montamy. Il se compose de verre, de nitre et de borax.

Du Verre.

On prend des tuyaux de verre avec lesquels on fait les baromètres, on choisit les plus transparens et les plus aisés à se fondre, et, pour s'assurer qu'il n'est point entré de plomb dans la composition, on en fait l'essai en exposant ces tubes au chalumeau, ou à la lampe de l'émailleur. Si la flamme ne noircit pas, si ces tubes fondent avec facilité, on peut s'en servir avec confiance ; mais si après les avoir bien essuyés avec un linge, l'endroit qui a été exposé à la flamme reste noir, il faut les rejeter comme contenant du plomb ou d'autres matières nuisibles à la bonté du fondant.

Quand on est assuré de la qualité du verre, on le pile dans un mortier de porcelaine de verre ou d'agate, et non dans d'autres. Ce verre étant bien pilé, on le conserve dans des boîtes couvertes pour prévenir la poussière.

Du Borax.

Nous avons fait connaître déjà le borax ; nous ajouterons maintenant qu'on choisit le plus transparent ; on le concasse grossièrement et on le met dans un creuset, dont les deux tiers doivent rester vides ; ensuite on met ce creuset sur des cendres chaudes, et on l'entoure de charbons ardens, à deux pouces 0,0541 de distance, afin que le creuset s'échauffe par degré, et que le borax, en se calcinant, ne se gonfle pas au sortir du creuset, comme cela arriverait si on donnait un trop grand feu, qui pourrait d'ailleurs vitrifier le borax, ce qu'il faut soigneusement éviter. Il ne faut point toucher au creuset, que le bruit occasionné par la calcination ne soit entièrement passé ; quand tout sera tranquille, on retirera le creuset du feu, et l'on détachera avec une spatule de bois ou de verre ce borax, qui étant calciné est blanc, léger et spongieux.

Du Salpêtre ou Nitrate de potasse.

Nous avons également fait connaître ce sel au commencement de cet ouvrage; nous dirons ici que le plus pur est le meilleur; il est cristallisé en aiguilles ou prismes bien transparens et le seul qui donne de beau verre. Tel est celui que l'on choisit. Lorsqu'on n'en peut trouver de tout préparé, on le purifie soi-même en le dissolvant dans l'eau bouillante ; puis on filtre la dissolution par le papier gris; on fait évaporer et on porte le vaisseau, qui contient la dissolution, à la cave ou dans un lieu frais pour faciliter la cristallisation; on retire les cristaux qui se sont formés, et on recommence l'évaporation et la cristallisation, jusqu'à ce que la dissolution ne fournisse plus de cristaux.

Doses.

Poudre de verre, 4 gros, ou en fractions
décimales........................... 15,625 gram.
Borax calciné, 2 gros et 12 grains, ou.. 8,465
Nitre purifié, 4 gros et 24 grains, ou.. 16,842

D'abord on met le borax et le salpêtre dans un mortier de verre, pour les bien mélanger avec un pilon de verre également; après le mélange on y ajoute la poudre de verre, et l'on triture le tout ensemble pendant une heure.

Immédiatement après on met ce mélange dans un creuset de Hesse, qu'on ne remplit qu'au tiers seulement.

On fera remarquer que, préalablement à cette mise, on frotte l'intérieur du creuset avec du sable blanc de Rouen ; les doigts sont les instrumens dont on se sert pour le frottement, qui a pour objet de boucher les pores et d'empêcher que le verre résultant de la composition ne perce le creuset. On a eu la précaution d'allumer du charbon dans un fourneau à torréfier, ou dans une cheminée ordinaire ; le creuset couvert, on le place au milieu, après en avoir écarté les charbons, que l'on rapproche aussitôt, mais peu à peu, puis on découvre le creuset. Les verriers désignent cette opération sous le nom de fritte ; elle a pour but de purifier la composition de toutes matières combustibles dont elle pourrait être imprégnée, et de la fumée qui dans ce cas gâterait le verre. Cette opération doit se faire lentement et par degrés, ayant le soin surtout de couvrir le creuset toutes les fois qu'on en rapproche le charbon, et éviter qu'il n'en tombe dans ce creuset la plus petite parcelle, afin de prévenir l'enfumé qui détériore le verre. Quand la composition commence à rougir on couvre le creuset, qu'on entoure de charbons ardens ; on entretient un feu vif pendant environ deux heures pour accroître l'ébullition, qui fait considérablement gonfler toute la matière. Ce gonflement ayant cessé, la composition tombe au fond du creuset ; dès-lors on laisse éteindre le feu ; le tout étant arrivé à l'état de froid, on voit une composition opaque et d'un rouge très foncé. On couvre le creuset sans luter le couvercle, qu'on place, quand il y a lieu, dans le four à porcelaine, là où on suppose la violence du feu. On se rappellera sans doute que nous avons dit que la flamme est toujours violente au milieu de ce four, quand il est en action, c'est-à-dire en grand feu.

Si on dit qu'on ne lute pas le couvercle, c'est parce qu'on a remarqué que le lut venant à se vitrifier, ce lut coulait dans le creuset et gâtait la composition.

Nous avons nommé le creuset de Hesse, parce que messieurs les chimistes lui donnent la préférence comme résistant le mieux à l'action du feu. Dans notre ouvrage nous essaierons de prouver que la France possède des terres avec lesquelles on peut faire des creusets aussi bons que ceux de Hesse ; il est temps que les Français nationalisent les productions de leur sol.

Revenons à l'opération qui nous occupe.

Pour ne pas soumettre au hasard la composition, on doit parfaitement nettoyer le dehors du creuset qui la contient, et mettre celui-ci dans un second, de façon que le premier ne touche pas le fond de ce dernier, dans lequel on l'a emboîté.

Si, dans l'opération du feu, le verre vient à passer au travers du premier creuset, tombant dans le fond du second, il s'y rassemble et n'est gâté par aucune malpropreté. (Voir le *Traité des couleurs en émail*, page 27.)

Si on doute de la qualité des tuyaux de baromètre, ou si on n'a pas de ceux-ci, M. de Montamy enseigne la composition d'un cristal pour faire un fondant, qui serait trop long à décrire ici. (Voir son ouvrage.)

On ne broie et on ne tamise le fondant qu'à l'instant de l'employer, parce qu'on s'est aperçu que dans cet état et gardé long-temps, il s'altère; qu'il en résulte alors que le luisant des couleurs avec lesquelles on le mêlait n'était plus aussi beau.

Le fondant fait, dans la peinture en émail et en porcelaine, le même effet que l'huile, la colle et la gomme font dans les autres genres de peinture; lorsqu'il entre en fusion il sert de lien aux molécules de la couleur, les fixe à la surface de l'émail blanc ou de la porcelaine, et il aide à la vitrification des chaux colorantes : il s'ensuit de là que l'on ne peut point employer de substances dont le feu enlèverait la couleur, avant que ce fondant soit entré lui-même en fusion, telles que les couleurs tirées des végétaux.

Il se trouve des substances qui se vitrifient avec le fondant plus ou moins facilement ; ainsi il faut observer exactement, sur chaque couleur, la quantité de fondant qui lui est nécessaire pour la faire entrer dans une parfaite vitrification. Si l'on mettait trop peu de fondant, la couleur s'attacherait bien à la surface de l'émail blanc ou de la couverte, mais n'étant point pénétrée par une quantité de fondant nécessaire pour la vitrifier, elle resterait terne et sans aucun luisant; mais si l'on en mettait trop, la couleur se trouverait noyée, s'étendrait, les contours ne seraient point exactement terminés, et les traits déliés ne seraient pas tels que le peintre les aurait faits.

Il faut donc examiner avec la plus grande attention les essais qu'on fait de chaque couleur sur des morceaux de porcelaine, afin de connaître non seulement l'intensité de la nuance, mais encore pour déterminer au juste la quantité de fondant nécessaire pour chaque couleur.

On a remarqué que toute couleur qui exige plus de six fois son poids de fondant, ne coule pas facilement, et ne peut conséquemment s'appliquer avec le pinceau; donc il faut rejeter cette couleur.

Nous avons donné le plus de développement possible à la nature du fondant, pour les couleurs que l'on applique sur la porcelaine, parce que cette substance est d'une très haute importance, comme on pourra s'en convaincre à la lecture de ce que nous venons de décrire. La couleur la plus belle et d'une composition merveilleuse serait morne sans le fondant qui en est la vie, pour ainsi dire, et l'âme, puisqu'il lui procure l'existence. Que de choses donc et de connaissances il faut posséder dans l'art de la peinture!

Des diverses Couleurs qu'on emploie pour embellir la porcelaine, et de leur Composition respective.

SECTION IV.

Couleurs produites par les différens oxides.

1º. Le *Rouge*. Il faut le pourpre de Cassius mêlé avec la quantité nécessaire de fondant, et l'on emploie immédiatement ce mélange sans le fondre avant la cuite ; il est d'un violet sale, mais au feu il passe à un très beau pourpre.

En ajoutant de l'argent au pourpre de Cassius, l'on obtient un rose plus ou moins pâle, selon la quantité d'argent ajoutée.

Le pourpre qui doit servir sur la porcelaine tendre, se prépare avec de l'or fulminant décomposé à une chaleur douce, et du muriate d'argent, sans aucune addition d'étain ; ce qui prouve que l'étain n'est pas un ingrédient absolument nécessaire pour la préparation de ce pourpre.

En ajoutant du bleu de porcelaine au pourpre de Cassius, on obtient un violet.

Les trois couleurs dont nous venons de parler, disparaissent au feu du four, à la cuisson de la couverte.

Le fer oxidé au rouge par l'action réunie du feu et de l'acide nitrique, produit une couleur rouge, mais moins éclatante que celle produite par le pourpre de Cassius. Ce rouge passe du rouge fleur de grenade au rouge de brique.

Le flux que l'on ajoute à l'oxide de fer, est un mélange de borate de soude vitrifié, de silice et d'oxide rouge de plomb; ce flux peut être employé fondu et sans l'avoir été.

En mêlant l'oxide rouge de fer, en différentes proportions, avec l'oxide noir du même métal, l'on obtient différentes nuances de rouge brun, de châtain, etc.

Le rouge produit par le fer ne peut pas servir sur la porcelaine tendre, car l'action du feu le fait presque entièrement disparaître.

M. Brongniart attribue ce phénomène au plomb que contient la couverte de la porcelaine tendre. (La porcelaine dure, que nous avons décrite, ne contient aucun oxide, conséquemment point de plomb.)

2°. Pour obtenir *le Jaune*, l'on emploie l'oxide blanc d'antimoine, mêlé de silice et d'oxide de plomb, qui lui servent de fondant. Quelquefois l'on demande un jaune éclatant, presque couleur de safran; l'on ajoute encore un peu d'oxide rouge de fer, et l'on fait fondre le tout avant de l'employer. Cette fusion préliminaire modère le rouge trop éclatant de l'oxide de fer.

Ce jaune peut également servir sur la porcelaine tendre et sur la porcelaine dure.

L'oxide d'urane, mêlé à l'oxide de plomb, produit sur la porcelaine un jaune paille.

3°. *Le Bleu*. Pour produire le bleu, on emploie l'oxide de cobalt bien préparé et bien pur, mêlé avec le flux. L'oxide d'étain et l'oxide de zinc, ajoutés en différentes proportions, donnent différentes nuances du foncé au clair.

Comme l'oxide de cobalt se volatilise à une forte chaleur, on ne peut faire cuire, dans la même gazette, des vases blancs et des vases peints en bleu; les vases blancs prendraient une teinte bleuâtre. (On est dans l'usage, dans les manufactures de porcelaine, de ne cuire que le gros bleu sous l'émail; ainsi le bleu à barbot, vulgairement appelé *bluet*, ne se cuit qu'au moufle, par conséquent sur l'émail.)

4°. *Le Vert*. Pour obtenir un beau vert, l'on emploie du cuivre non ferrugineux, que l'on précipite en dissolution, ayant grand soin de bien édulcorer le précipité.

En précipitant, dans différens bocaux, par la potasse, des solutions de cuivre également pures et concentrées; en lavant ensuite le précipité, l'on observe que la précipitation se fait dans quelques bocaux plus vite que dans d'autres; si l'on recueille séparément les différens précipités, l'on remarque que ceux qui sont formés plus promptement sont, après la dessiccation, d'un beau vert clair, qu'ils forment des morceaux consistans et produisent sur la porcelaine un très beau vert clair, tandis que les précipités qui se sont déposés lentement, forment des morceaux terreux moins consistans, d'un vert naissant foncé, et qu'ils donnent sur la porcelaine, un vert moins beau, en passant aisément au noir pendant la cuite.

Ces couleurs ne supportent pas le feu de l'émail.

Les mélanges de cobalt et de nickel résistent à tous les degrés de chaleur, mais ils ne produisent pas un vert pur.

L'oxide de chrôme donne un beau vert au feu de l'émail.

5°. *Le Brun*. L'on obtient les différentes nuances d'un brun clair et de brun foncé, par un mélange d'oxide de fer. Avant d'employer ces mélanges, on les fait fondre avec leur flux.

Pendant la cuite ils ne subissent aucun changement, pas même sur la porcelaine tendre.

Le vernis brunâtre, dit fond écaillé, se produit de la même manière; c'est un granit riche en quartz, qui sert de fondant à cette couverte.

6°. *Le Noir*. Il n'y a pas un seul oxide métallique qui, par lui-même, produise un beau noir; il faut employer à cet effet, un mélange de plusieurs oxides, tels que celui de magnésie et de fer, avec un peu d'oxide de cobalt.

En France, on substitue l'oxide brun de cuivre à celui de fer; mais comme cet oxide de cuivre n'est point fixe au feu, et qu'il contient tantôt plus, tantôt moins d'oxigène; l'oxide de fer mérite la préférence.

L'on obtient le gris en employant les mêmes oxides que pour le noir, mais en diminuant la quantité d'oxide de fer, en augmentant celui du fondant.

L'on applique sur la porcelaine l'or, l'argent et le platine, pour lui donner la couleur et le brillant métallique de ces métaux.

L'oxide jaune d'or, mêlé d'une quantité suffisante de fondant, et appliqué sur un fond coloré, produit un beau gorge de pigeon.

Par le mélange des différentes couleurs que nous venons d'indiquer, l'on obtient différentes nuances et différens tons ; mais cela est bien plus difficile qu'on ne croirait au premier coup d'œil, parce qu'il y a des couleurs qui se détruisent l'une par l'autre dans le mélange ; tels sont, par exemple, l'antimoine oxidé au maximum, et le fer oxidé au maximum.

Il n'y a que l'expérience qui puisse conduire les artistes à d'heureux résultats.

Du Pourpre.

Nous avons déjà indiqué son mode de préparation.

Violet.

Pour obtenir le violet, il faut suivre le procédé que nous avons décrit pour le pourpre, et ajouter, à la dissolution d'or, étendue dans l'eau, plus de dissolution d'étain et d'argent mêlés ensemble ; le reste du procédé, ainsi que la quantité nécessaire, sont absolument les mêmes que pour le pourpre.

Brun. (1)

Prenez de la dissolution d'or dans l'eau régale, comme dessus, page 260; étendez-la dans l'eau distillée, dans les mêmes proportions que pour le pourpre; remuez de même avec la verge d'étain d'Angleterre; ajoutez-y la dissolution d'étain seule; l'eau deviendra noire; versez dessus la dissolution (d'étain seule sans argent), du sel commun, et vous obtiendrez, au lieu du pourpre, un précipité d'une couleur foncée tirant sur le violet.

On emploie cette couleur sans fondant, parce qu'elle doit être couverte par une autre; mais si on voulait l'employer comme couleur dominante, on pourrait y ajouter du fondant comme pour les autres.

Rouge.

Prenez autant de limaille de fer que vous le voudrez, faites-la dissoudre dans l'eau forte, précipitez-la avec du sel de tartre; décantez la liqueur, et mettez le précipité sur une lame de fer que vous exposerez, sous un moufle, à un feu de charbon, jusqu'à ce qu'il prenne une belle couleur rouge; calcinez ensuite

---

(1) La terre d'ombre bien lavée pour la dépouiller de ses parties hétérogènes, séchée et calcinée, et mêlée avec du fondant, donne une couleur brune.

dans un creuset avec le double de son poids de sel marin purifié et décrépité, après l'avoir bien trituré dans un mortier de verre ou de porcelaine pendant long-temps pour mêler ces deux matières ensemble. La calcination commencera par un feu très doux, et sera poussée jusqu'au plus violent, pendant deux heures, sans cependant le vitrifier.

On retire la matière du feu, et on laisse refroidir; on la triture dans le même mortier dont on s'est servi la première fois; on verse ensuite l'eau chaude dessus, que l'on agite bien avec une lame de verre; on décante tout ce que l'eau peut emporter de la couleur; on continue de verser de l'eau chaude sur ce qui reste au fond du mortier, jusqu'à ce qu'on voie que l'eau ne surnage plus, alors on jette ce qui reste au fond du vase. Toutes les eaux qui ont entraîné de la couleur ayant été mises dans un grand gobelet, on les laisse reposer; et, quand le tout s'est précipité au fond, on décante l'eau qui surnage, et on met de nouvelle eau sur le résidu : on réitère cette manœuvre cinq ou six fois; on verse ensuite le précipité dans une tasse de porcelaine, on l'y laisse reposer, et on retire l'eau par une mèche de coton, comme nous l'avons dit ailleurs.

Cet oxide est devenu très fixe au feu par cette opération, de volatil qu'il était, ainsi que toutes les couleurs tirées du fer, que l'on ne peut rendre fixes qu'en les traitant avec le sel marin, chlorure de sodium, comme nous venons de le dire, ce qui les rend propres à être employées avec toutes les couleurs possibles, sans courir les risques d'en gâter aucune.

Toutes les couleurs rouges, tirées du fer ou du vitriol martial, sont extrêmement volatiles par l'action du feu, ce qui est un si grand inconvénient, qu'on avait renoncé à les employer dans la peinture en émail et en porcelaine. Elles deviennent très fixes en les calcinant avec le sel marin, ou chlorure de sodium; la raison de ce phénomène n'a pas été déterminée.

Autre Rouge.

On choisit du meilleur vitriol de Hongrie, réduit en poudre grossière; on le met sur un test que l'on expose sous un moufle à un feu doux, continué pendant quatre jours, jusqu'à ce que cette poudre ait acquis une belle couleur rouge; il faut rejeter les morceaux qui sont restés verts.

On peut se servir, au lieu de test et de moufle, d'un creuset pour la calcination; mais il faut garantir soigneusement la matière du contact de la flamme et de la vapeur du charbon.

On met ensuite cette poudre rouge dans du vinaigre distillé, pendant quatre jours et même davantage; car, plus elle y restera et plus le rouge sera beau. Il faut, après cela, édulcorer la matière dans l'eau distillée, et recommencer la même opération, en observant de donner un feu plus modéré que la première fois; après cela on traite cette matière avec le sel marin comme la précédente.

Noir.

On prend du cobalt, de l'oxide de cuivre, nommé en latin *œs ustum*, de la terre d'ombre, autant de l'un que de l'autre; on réduit le tout en poudre impalpable dans un mortier d'agate, et l'on emploie cette couleur avec trois parties de fondant, p. 282.

Autre Noir.

Oxide de cuivre, quatre parties; smalt ou bleu d'azur foncé, une partie; mâche ou scories de fer, une partie; le tout en poudre impalpable, avec trois parties du fondant ci-dessus.

Vert foncé.

Le cuivre sulfuré, mêlé avec un peu de bleu et le fondant décrit, donne un vert foncé.

Vert clair.

Bleu de montagne mêlé avec le fondant décrit. Le cuivre sulfuré, mêlé avec un peu de jaune, donne un vert clair en y ajoutant du fondant.

Autre Vert clair.

Trois parties d'oxide de cuivre calciné, deux parties de vert de montagne mêlés et mis en poudre avec le fondant.

Vert jaune.

Deux parties de vert de montagne, deux parties d'oxide de cuivre, une partie de smalt; le tout pulvérisé et mêlé avec le fondant. (La base de la couleur verte est toujours l'oxide de cuivre mêlé avec un fondant quelconque; on peut varier l'intensité de cette couleur, en y ajoutant du bleu ou du jaune à volonté.)

Bleu.

Smalt choisi et broyé avec un peu de fondant : cette couleur se met très bien avec le vert ci-dessus pour former des nuances.

Bleu foncé.

Du smalt le plus foncé, connu sous le nom de bleu d'azur, et qui n'est que le verre de cobalt, mêlé avec du sable; on fait fondre cette matière dans un creuset en un verre bleu foncé, que l'on met en poudre impalpable dans un mortier d'agate, en y ajoutant du fondant.

Jaune tendre.

Blanc de plomb de Venise, calciné dans un creuset, ou dans un test sous un moufle, pour éviter le contact du charbon, jusqu'à ce qu'il ait acquis une couleur jaune : on le mêle avec du fondant.

Autre Jaune.

Jaune de Naples, avec suffisante quantité de fondant : on tâtonne la dose. Le jaune de

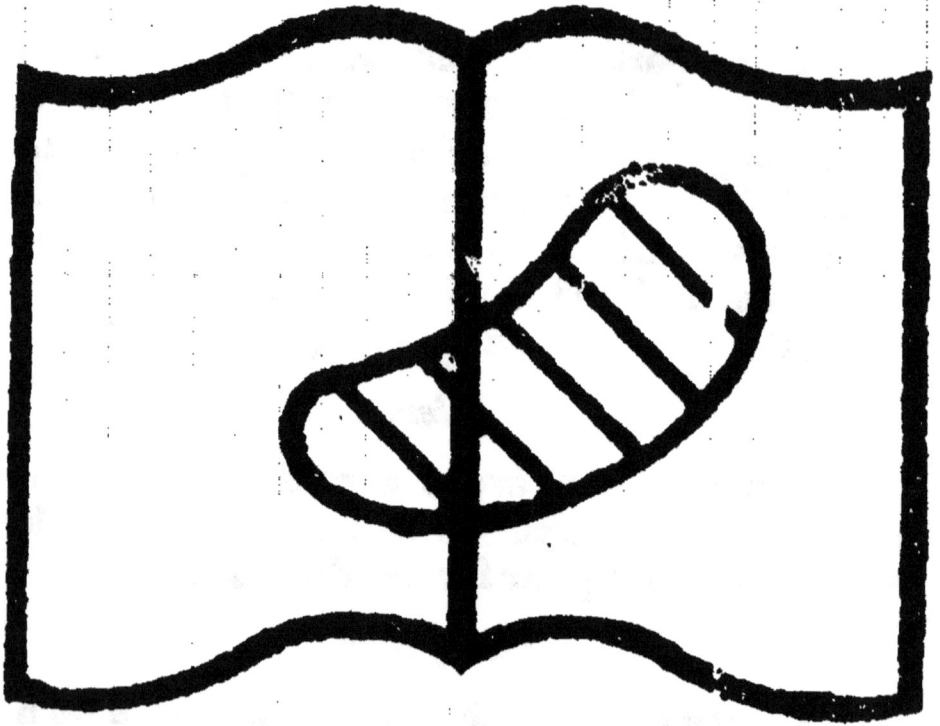

Illisibilité partielle

Naples se fait ainsi : céruse, douze onces ou 37 déca 500 ; antimoine diaphorétique, deux onces, ou 6 déca 250 ; alun et sel ammoniac, de chaque demi-once ou 1 héca 562 : on mêle dans un mortier de marbre ; on calcine ensuite sur un test à un feu modéré, qu'on continue pendant trois heures : il faut avoir soin d'entretenir, pendant ce temps de la calcination, la capsule rouge. Suivant la quantité de sel ammoniac qu'on emploie, la couleur du jaune de Naples varie. C'est M. Fougeroux, de l'Académie des Sciences, qui a rendu ce procédé public.

Orange.

Quatre onces d'antimoine, deux onces de litharge (ou 12,500 — 6,250), pulvérisés ; on met le mélange dans un creuset qu'on expose à la plus grande chaleur du four à porcelaine ; ensuite, on pulvérise une seconde fois le verre que l'on trouve dans le fond du creuset, et l'on y ajoute du fondant ; on remet le tout dans un creuset neuf, frotté avec du blanc de Rouen. On fait fondre cette composition une seconde fois ; on réitère jusqu'à ce qu'elle ait acquis une belle couleur jaune.

Si l'on désire obtenir un jaune clair, on y ajoute du jaune de Naples préparé avec son fondant, comme il est dit ci-dessus. Cette couleur est d'autant plus avantageuse, pour la peinture en porcelaine, qu'on peut la mêler avec toutes les autres.

Carmin de Hollande.

Étain d'Angleterre en filets, une once ou 3,125 ; sel marin, une once ou 3,125 ; la huitième partie d'eau forte et la huitième partie d'un pot (mesure de Hollande) d'eau de pluie : mettre le tout dans une bouteille de verre, mal bouchée, et puis sur la cendre chaude sur laquelle on laisse refroidir ce mélange.

Dès qu'on veut s'en servir, on prend la liqueur de la bouteille de laquelle on verse goutte à goutte sur les eaux des verres qui sont chargés de carmin. Alors celui-ci se précipite au fond du verre ; si on trouve que l'eau en est encore chargée, on verse de nouveau des gouttes d'eau sur la première (celle mise dans le pot) : à l'instant, le carmin se précipite au fond du verre. Quand tout est précipité, on jette son eau par inclinaison, et on met le carmin sur des affiles (plaques de porcelaine blanche) pour le sécher au soleil ; mais il faut le garantir de la poussière. Par ce procédé, on obtient le carmin le plus beau.

Pour faire la liqueur dont on remplit les verres, on prend de la cochenille, d'une belle couleur grise en dehors et pourpre en dedans, que l'on réduit en poudre fine et que l'on passe au tamis de soie ; on la met après dans un pot de terre ou d'étain, dans lequel on jette du vinaigre de vin rouge le plus fort et bien clair, et quatre onces (12, 500) de cochenille pour une pinte de vinaigre, ensuite on fait bouillir doucement ; quand le mélange commence à écumer, on ôte l'écume avec une cuiller d'argent, écume que l'on met sur une assiette de porcelaine ; on continue à écumer jusqu'à ce qu'il n'y ait plus d'écume.

Alors on augmente le feu, on met dans le pot environ quatre onces de crème de tartre ou 12 décag. 5oo mil. (colle de Cologne), que l'on met à plusieurs reprises pour ne pas occasionner un *magina*, terme hollandais qui signifie mare, trop considérable ; on remue, on écume et on met, comme ci-dessus, l'écume dans une assiette de porcelaine ; on ramasse. Cela étant fait, toute l'écume que l'on met dans une quantité d'eau distillée, que l'on mêle et que l'on broie avec une spatule de bois, jusqu'à ce que l'eau se charge de la teinture de l'écume, on verse, par inclinaison, cette eau chargée de la couleur.

Ainsi, pour faire le carmin, on met cette eau dans des verres de chopine, et on la verse goutte à goutte sur la première liqueur ; on verse encore de nouvelles eaux sur le marc pour le laver. Tel est le secret du carmin de Hollande, secret peu répandu et qu'on ne trouve dans aucun des traités que nous avons parcourus.

Le safre donne un très beau bleu ; lorsqu'il est mêlé en suffisante quantité avec les bruns, il fait le noir.

L'étain donne le blanc ; on tire la couleur verte du cuivre par dissolution ou calcination.

La plus belle couleur qu'on obtienne du fer, c'est le rouge; mais il est rare que ce rouge ait de l'éclat et de la fixité.

L'or donne les pourpres, les carmins, les violets; ces couleurs sont permanentes. La teinte que donne l'or est si forte, qu'un grain d'or peut colorer jusqu'à 400 fois sa pesanteur de fondant.

Les fondans sont les sels alcalins et les matières vitrifiables ou vitrifiées, qu'on broie, comme nous l'avons dit, avec les matières colorantes, pour qu'elles fondent au feu sur l'émail ou sur la porcelaine.

En Allemagne on fait le fondant,

Avec 3 parties de litharge,
3 *idem* de quartz blanc calciné,
2 *idem* de borax.

Autre.

4 parties de litharge,
2 *idem* de quartz blanc calciné,
1 *idem* et demie de borax.

L'auteur qui donne cette composition, dit qu'il faut éviter de faire entrer le plomb dans la composition des fondans; c'est pour ne rien laisser à désirer que nous avons indiqué les deux compositions ci-dessus, qui ne sont pas très bonnes.

Bleu de Prusse.

Nous allons passer à la composition du bleu de

Prusse, telle qu'elle est décrite par les chimistes.

La découverte de ce bleu eut lieu en 1704; son auteur est le nommé Disbach, qui fut aidé de Dippel, pharmacien.

On fait fondre des cornes, des ongles et d'autres substances animales à une chaleur moyenne, de manière à obtenir une masse de consistance de bouillie. Aussitôt que cette masse, qui a formé pâte, est refroidie, elle se laisse facilement pulvériser. On mêle exactement 100 livres au 5o kilogrammes de sang de bœuf desséché ou des cornes pulvérisées avec 100 livres ou 5o kilogrammes de potasse, protoxide de potassium; on porte ce mélange dans un fourneau à calciner; on donne peu de feu à la première heure, et on l'augmente jusqu'à ce que la masse soit rouge. Il se dégage beaucoup de fumée mêlée de flamme; lorsque l'une et l'autre viennent à cesser, on enlève la masse du fourneau, et on la laisse refroidir. On verse dessus 200 pintes ou litres d'eau bouillante, et l'on remue souvent la masse. Au bout de huit jours on filtre et on la lessive au travers d'une toile double; la liqueur filtrée est la lessive du sang, qu'on peut regarder comme la base de l'opération.

D'un autre côté on fait dissoudre 25 livres ou 12 kilogrammes et demi de sulfate de fer, pris dans une quantité d'eau suffisante; on fait bouillir la dissolution pendant un quart d'heure avec la colle; on passe alors les liqueurs à travers des toiles, et on l'entretient chaude. D'une autre part on dissout dans une chaudière 100 livres ou 5o kilogrammes d'alun, et on mêle la solution filtrée encore chaude avec celle du sulfate de fer; on ajoute à ce mélange de la lessive de prussiate de potasse, jusqu'à ce qu'il n'y ait plus d'effervescence, et qu'il ne se forme plus de précipité: après un jour de repos, on met le tout sur des toiles, et on laisse égoutter.

On reprend la masse de dessus la toile et on la met dans des vaisseaux que l'on remplit d'eau; on divise le sédiment par l'agitation : on répète cinq à six fois l'opération pour bien laver le précipité, on remet le tout sur le filtre; lorsque la matière est bien égouttée, on la fait sécher sur des claies à l'ombre, et non au soleil.

Il est essentiel que la potasse, protoxide de potassium, employée ne contienne pas de sulfate, parce que ce sel serait décomposé par le charbon, et le prussiate contiendrait alors un sulfure de potasse qui formerait, dans la dissolution du sulfure de fer, un précipité noir. Il ne faut pas non plus que le charbon animal soit trop rougi, parce qu'il perd, selon Gay-Lussac, l'azote, et devient impropre à produire le principe colorant du bleu de Prusse, ni l'ammoniaque.

Si la potasse, protoxide de potassium, n'est pas saturée par l'acide prussique, elle précipite une partie d'oxide de fer d'un gris verdâtre. On peut éviter cet inconvénient par une addition d'acide sulfurique étendu : il redissout l'oxide, et la couleur bleue reste intacte.

Le bleu de Prusse est un véritable sel qui résulte de la combinaison de l'oxide de fer avec l'acide hydro-ferro-cyanique. Cet acide dépouillé de fer est composé d'hydrogène et de cyanogène; il était connu naguères sous le nom d'acide prussique, de sorte que les chimistes modernes désignent le bleu de Prusse par le nom d'hydro-ferro-cyanate de fer.

Nous terminerons ce chapitre par les compositions de M. de Montamy, qui sont considérées comme les meilleures par les artistes. Au reste, cette science fait tous les jours des découvertes.

DIVERSES COMPOSITIONS DE M. DE MONTAMY.

Blanc.

Cette couleur est si nécessaire au peintre pour former une suite de nuances, et surmonter la difficulté de ménager le fond pour faire paraître le blanc, dans les parties où il est indispensable de l'avoir pur, par exemple, les deux petits points blancs qui doivent être exprimés dans les yeux, sur la prunelle, etc., que le désir de tous les artistes était d'avoir la composition d'un blanc que l'on pût employer avec le fondant général, et combiner avec les couleurs foncées, pour en composer une suite de teintes, comme les peintres en huile. M. de

Montamy à réussi à en composer un qui réunit tous ces avantages.

Il faut deux substances pour le composer, le sel marin et l'étain le plus pur. Celui d'Angleterre, connu sous le nom d'étain vierge, serait le meilleur ; mais il est si difficile de s'en procurer, qu'on lui substitue celui que les potiers appellent étain neuf ou étain doux.

Le sel marin se purifie en le dissolvant dans l'eau chaude distillée ; on le filtre par le papier gris, comme nous l'avons dit en parlant du salpêtre. Ensuite on met la dissolution sur le feu dans une capsule de porcelaine bien propre, et l'on fait évaporer jusqu'à siccité ; on met ensuite ce sel, qui est très blanc, dans un creuset pour le faire décrépiter ; on le laisse dans le feu jusqu'à ce que le bruit de la décrépitation (pétillement ou bruit que le sel fait dans le feu) ait cessé. Pour avoir le sel marin (chlorure de sodium) le plus pur qu'il soit possible, il faut, après avoir filtré la dissolution par le papier gris, la faire évaporer jusqu'à pellicule, et mettre ce sel dans un lieu frais, pour favoriser la cristallisation ; ensuite on en retire les cristaux, et on choisit, pour l'opération dont il s'agit, ceux qui sont cristallisés en cubes ou en trémies.

Doses.

Étain doux....	1 gros,	ou 3 gram.	906.
Sel préparé....	2	7	813.

On commence par mettre un creuset au

feu, après l'avoir couvert, de peur qu'il ne tombe dedans du charbon ou de la cendre. Lorsque le creuset est rouge, on y met l'étain; on le laisse ainsi jusqu'à ce que l'on juge que l'étain soit non seulement fondu, mais qu'il soit rouge; on met alors dans le creuset, sans le retirer du feu, le double du poids de l'étain, de sel marin préparé comme il a été dit. On a une verge bien propre, dont on fait chauffer un bout, avec laquelle on remue le mélange jusqu'au fond du creuset afin de bien mêler l'étain fondu et le sel. On recouvre le creuset, que l'on continue de bien tenir entouré de charbons ardens; on le découvre de temps en temps pour remuer la composition avec la baguette de fer, dont le bout doit être propre et bien chaud. Lorsque l'extrémité de cette baguette, qui trempe dans le creuset, commence à blanchir, c'est une marque que la calcination est bientôt à terme. On continue cette manœuvre pendant une heure; après on retire le creuset du feu.

On écrase la matière que l'on a retirée hors du creuset, dans un mortier de verre ou de porcelaine, et on la met dans un test à rôtir ou mieux un creuset qu'on place au milieu des charbons ardens, en prenant garde qu'il n'en tombe pas dedans, et on le couvre d'un moufle ouvert par les deux bouts.

On met d'abord quelques charbons ardens sur le moufle pour l'échauffer, et on augmente le feu par degrés, jusqu'à ce que le moufle soit entièrement enseveli dans les charbons ardens. On continue le feu de cette façon pendant trois bonnes heures; après quoi on dégage le moufle du charbon qui est autour, et l'on retire ensuite du feu le test avec des pincettes.

On trouve la matière assez dure et un peu attachée au test, on la fait tomber avec la lame d'un couteau dans un mortier de verre ou de porcelaine, et on broie bien long-temps avec un pilon de la même matière.

Lorsque la matière est réduite en poudre on la met dans un grand vase de verre ou de cristal, et on verse dessus de l'eau filtrée très chaude, jusqu'à ce que l'eau surpasse la matière de deux ou trois doigts; alors on agite fortement cette eau avec une lame de verre ou de porcelaine, et tout de suite on verse l'eau par inclinaison dans un autre vase, en prenant garde de ne pas verser ce qui se trouve au fond. On remet de nouvelle eau chaude sur la matière qui est restée au fond, qu'on agite et qu'on décante ensuite comme on a fait la première fois. On continue cette manœuvre tant que l'eau chaude devient blanche, on garde à part ce qui est demeuré au fond et qui ne tient presque plus l'eau; en broyant ce résidu sur une glace, et reversant l'eau chaude dessus comme ci-devant, on en tirerait encore un blanc, mais qui, n'étant pas de la même finesse et de la même beauté que l'autre, ne pourrait servir que dans les mélanges des couleurs.

On laisse reposer toutes les eaux blanches dans un vase où on les a réunies, jusqu'à ce que la matière blanche qui les colore se soit précipitée, et que l'eau soit devenue claire; on verse doucement cette eau claire, et on remet de nouvelles eaux sur le blanc qui est resté au fond : on continue les lotions jusqu'à ce que la matière soit assez édulcorée, et que les eaux aient entièrement emporté le sel ; ce que l'on aperçoit lorsque l'eau sort insipide.

Ordinairement sur 3 gros ou 11 gr. 719 de matière, sur laquelle on a mis un demi-setier (un quart de litre) d'eau (ce qui équivaut à 8 onces ou 25,000 déca.), il suffit d'avoir renouvelé cette eau cinq à six fois.

On transporte ensuite le blanc dans un grand pot de terre bien vernissé, contenant au moins deux pintes d'eau , on verse dessus de l'eau distillée jusqu'à ce qu'il soit plein , et on le fait bouillir à gros bouillons pendant deux heures, en remettant toujours de nouvelle eau chaude à la place de celle qui s'évapore; plus le pot contiendra d'eau , et mieux l'opération réussira : on ôte le pot du feu, et on laisse reposer l'eau pendant plusieurs heures ; après quoi on penche doucement le pot , et on décante l'eau tant qu'elle reste claire ; on verse le reste dans un gobelet de verre qu'on achève de remplir avec l'eau fraîche distillée. On vide cette eau lorsqu'elle est devenue claire, et on verse le blanc dans une soucoupe, dans une tasse à café; vingt-quatre heures après, quand le blanc est tout-à-fait déposé au fond, on applique, dans le peu d'eau qui surnage, une mèche de coton qu'on a imbibée d'eau auparavant, et dont le bout qui pend hors de la tasse est plus long que celui qui est dedans; l'eau s'écoule peu à peu et le blanc reste à sec.

Si la calcination n'a pas été assez forte, ce qui reste au fond de la tasse, après toutes les lotions faites, et que l'on a mis à part, restera d'un gris brun, alors il ne peut servir; mais si la calcination a été bien faite, ce résidu qu'on appelle le *marc*, est d'un gris blanc; dans ce cas il faut le broyer sur la glace à broyer, en l'humectant avec de l'eau pendant long-temps; alors il devient très blanc. On le lave ensuite dans plusieurs eaux, et on le fait bouillir dans un grand pot, comme on a fait le premier blanc, dont il diffère très peu pour la beauté et la bonté.

Ce blanc peut s'employer avec avantage dans la peinture à l'huile, avec laquelle il se mêle très bien.

On couvre la tasse où est resté le blanc, avec du papier, pour empêcher la poussière d'y pénétrer, et en laissant sécher le blanc tout-à-fait; ou, si l'on était pressé, on met la tasse sur un poêle, ou dans un lieu chaud à l'abri de la poussière.

Cette poudre, broyée sur le verre à broyer,

avec trois fois son poids du fondant décrit page 282, donne un très beau blanc. Si, pour cette opération, on n'emploie pas l'étain le plus pur et le plus fin ; elle est sujette à manquer ; il en est de même si, dans la calcination, il est tombé des parcelles de charbon ou de cendre dans le creuset ou dans le test ;

Si le charbon fumait et n'était pas bien allumé avant de s'en servir ;

Si la calcination n'a pas été assez longue ni assez vive ;

Si l'on n'a pas versé de l'eau chaude aussitôt après la dernière calcination, et si on lui a laissé le temps de prendre l'humidité de l'air ;

Enfin, si en dernier lieu, on n'a pas fait bouillir le blanc dans une assez grande quantité d'eau et assez de temps.

On ne saurait trop recommander, dans cette opération, la plus grande propreté, il faut la pousser jusqu'au scrupule.

Bleu.

Le succès de l'opération qui doit produire du bleu propre à être employé dans la peinture en porcelaine, dépend ordinairement de la bonté du cobalt ; on ne peut donc apporter trop de précaution pour s'en procurer de la meilleure qualité ; pour cet effet il faut s'en assurer par des expériences, que l'on fait en mettant un très petit morceau de chaque espèce de cobalt, que l'on veut essayer, sans être calcinés, dans l'esprit de nitre affaibli par deux tiers d'eau, et le meilleur sera celui qui donnera la plus belle couleur rouge à la dissolution.

Il ne faut cependant pas s'attendre que, dans le premier instant, la dissolution du cobalt prenne une couleur rouge, ce ne sera qu'au bout de quelques jours que la dissolution s'éclaircira d'elle-même, et deviendra d'un beau rouge; pour la faciliter, il faudra, de temps à autre, la mettre sur les cendres chaudes; quand elle sera telle qu'on la désire, on décantera la liqueur en prenant garde que ce qui est au fond du vase ne se mêle point. On verse sur ce résidu de l'eau et du nouvel esprit de nitre, dans les proportions susdites, c'est-à-dire deux tiers d'eau sur un tiers d'eau forte, que l'on fait digérer sur les cendres chaudes, comme on a fait la première fois, pour tirer encore de la teinture rouge.

On met toutes ces teintures rouges dans une tasse de porcelaine, et l'on y joint alors, sur 6 gros ou 23 gram. 438 de teinture rouge, et 1 gros ½, ou 5 gram. 859 de sel marin ou chlorure de sodium. On agite le sel avec un tuyau ou lame de verre, pour accélérer sa dissolution; on laisse ensuite reposer le tout pendant quelque temps; on verse la liqueur par inclinaison, et on jette ce qui a pu rester au fond; on met ensuite la liqueur dans une tasse de porcelaine, sur des cendres très chaudes, et il se fait, après quelques heures d'évaporation, un dépôt au fond de la tasse, il faut encore décanter la liqueur pour jeter le dépôt qui a pu se former. Quand l'évaporation sera au point que la dissolution commence à s'épaissir, il se formera des cercles verts à la surface; et, si le cobalt était d'une médiocre qualité, cette couleur verte se communiquerait à toute la liqueur à mesure qu'elle s'épaissirait; alors il faut remuer le tout avec une lame de verre, de peur que la composition ne s'attache au fond de la tasse; ce vert change bientôt en rouge, et le rouge en bleu.

Mais si le cobalt est de la meilleure qualité, tel que celui qui vient d'Espagne, la couleur verte ni la rouge ne paraissent point, et la dissolution en s'épaississant passe tout d'un coup à la couleur bleue la plus décidée.

On continue de remuer sans cesse avec la plus grande attention, pour détacher tout ce qui tient au fond de la tasse, jusqu'à ce que la composition paraisse sous la forme d'un sel grainé de bleu; alors les vapeurs nitreuses s'exhalent en grande quantité, et il est à propos de s'en garantir en faisant l'opération sous une cheminée. On continue de tenir le sel sur le feu, et de le remuer, jusqu'à ce qu'il devienne presque sec; car il ne faut pas le priver totalement d'humidité, c'est-à-dire qu'il faut l'ôter de dessus le feu, lorsqu'il n'exhalera plus de vapeurs nitreuses; il ne faut pas presser le feu, mais au contraire le ménager avec prudence, surtout vers la fin de l'opération, qui dure à peu près deux heures. On le laisse se refroidir sur les cendres; et quand tout est froid, on retire la tasse que l'on expose à l'air libre. Le sel y prend un peu d'humidité, et une petite teinte de rouge, qui augmente chaque jour, au point de le faire devenir presque cramoisi; alors il faut remettre la tasse sur les cendres chaudes, le sel (*Voyez* la Chimie de M. Cadet, pour la porcelaine et la couleur tirée du cobalt) y reprendra la couleur bleue, dès que la chaleur s'y fera sentir. Si l'on porte la tasse sous le nez, on s'apercevra qu'il s'exhale encore des vapeurs nitreuses. Il faut toujours remuer le sel bleu avec la lame de verre, sans quoi il se mettrait en grumeaux; on le tient aussi à une petite chaleur pendant une heure, ensuite on l'expose à l'air nouveau pendant quelques jours. Il attire l'humidité, et la couleur rouge reparaît, mais plus lentement et en moindre quantité.

On continue la même manœuvre pendant un mois ou six semaines, en exposant le sel alternativement sur les cendres chaudes, et ensuite à l'air froid : on s'aperçoit que les exhalaisons nitreuses diminuent à chaque fois que l'on expose le sel à la chaleur, et qu'à la fin on n'en sent presque plus du tout, et que l'humidité ainsi que la couleur cramoisie reviennent plus lentement.

Par cette manœuvre réitérée, on parvient à fixer la couleur dans la base du sel marin (chlorure de sodium), de façon qu'elle peut soutenir l'édulcoration sans qu'elle se mêle avec l'eau, ce qu'elle n'aurait pu faire, si on l'avait édulcorée aussitôt après les premières dessiccations. Pour s'assurer que ce sel est parvenu au point désiré, on peut essayer d'en mettre un peu, au sortir du feu, dans un petit vase de cristal ou de verre; après avoir versé doucement de l'eau dessus, de façon qu'elle ne surnage le sel que de trois ou quatre lignes (ou 9 millièmes de mètre), et l'avoir laissé pendant une demi-heure, si on le voit devenir rouge sans communiquer aucune couleur à l'eau, on peut être assuré que ce sel est en état de donner de la couleur bleue fixe; mais si l'eau se chargeait de la couleur rouge, il faudrait continuer l'opération précédente, c'est-à-dire exposer de nouveau le sel alternativement sur les cendres chaudes, et à l'air froid, pendant quelque temps.

Lorsqu'on s'est assuré, par l'essai dont on vient de parler, que le sel peut supporter l'édulcoration, sans que la couleur teigne l'eau, il faudra, peu de temps après l'avoir retiré de dessus les cendres chaudes, verser doucement de l'eau par-dessus, de façon qu'elle surnage le sel d'environ un pouce (ou 27 millièmes de mètre); un quart d'heure après, on décante cette première eau pour en remettre une quantité de nouvelle, et ainsi réitérant, jusqu'à ce que le sel, qui était bleu, devienne rouge.

Il arrive très souvent que faisant chauffer et sécher ce sel rouge, comme on vient de le dire, il ne reprend que très peu d'humidité à l'air; alors il faut verser dessus à peu près la même quantité d'eau qu'on y avait mise d'abord, et remettre de nouvel esprit de nitre, peu à peu, jusqu'à ce que la dissolution se refasse de nouveau. Quand le sel est dissous, on décante l'eau qui a repris la couleur rouge; on jette ce qui est déposé au fond, et l'on recommence l'évaporation, et à mettre le sel en grain comme on a fait ci-devant, en observant que ce sel, qui devient bleu, ait encore passablement d'humidité lorsqu'on le retire du feu. Ce sel devient rouge aussitôt qu'il est refroidi; vingt-quatre heures après, on remet la tasse de porcelaine qui le contient sur les cendres très chaudes; alors ce sel devient bleu à mesure qu'il sent la chaleur : on prévient cet inconvénient en le remuant avec une lame de verre, à mesure qu'on le fait chauffer.

Ou continue à le remettre sur le feu à différentes reprises, comme on a fait la première fois; enfin, on procède tout de même, et après avoir fait l'essai comme il a été dit, et que l'eau ne le teint plus en rouge. On fait sécher la couleur sur les cendres chaudes, ensuite on la met sur un tesson de porcelaine ou sur un test à rôtir, le plus mince qu'il soit possible; on place le tesson au milieu des charbons ardens, de façon qu'ils l'entourent sans le toucher, et qu'ils soient plus élevés·

que le tesson sur lequel la couleur est placée : dans le moment la couleur rouge se change en une belle couleur bleue qui ne devient plus rouge, à moins qu'on ne la garde long-temps, et alors on lui rend la couleur bleue en l'exposant de nouveau au milieu des charbons ardens, comme on a déjà fait. Cette couleur employée sur la porcelaine ou sur l'émail, avec trois fois son poids du fondant que nous avons décrit, fait un très beau bleu bien fondant et fort facile à employer.

On ne peut pas se dissimuler que ce bleu ne perde beaucoup de l'intensité de sa couleur, lorsqu'on le broie sur l'agate avec le fondant et l'eau, comme on a coutume de faire aux autres couleurs; mais on peut remédier à cet inconvénient en faisant dissoudre dans un peu d'eau de l'indigo ou du bleu de Prusse, et en secouant quelques gouttes de cette eau bleue avec le bout du doigt sur la couleur mêlée avec le fondant, afin de broyer tout ensemble; alors la couleur paraîtra, en l'employant, d'un bleu aussi fort, et approchant de celui qu'elle possèdera dans le feu. Ces bleus, qu'on ajoute à l'eau, se brûlent dans le feu et ne font aucun tort au fond de la couleur bleue du cobalt, parce qu'ils sont dissipés par le feu avant que le cobalt et le fondant soient en fonte. Il y a encore un autre moyen de donner un grand éclat à ces bleus, c'est de mettre, avec le fondant et le cobalt, parties égales ou même deux fois autant que l'on a mis de cobalt, d'un très beau bleu d'azur, connu à Paris sous le nom de bleu d'azur d'argent, quoiqu'il n'en soit pas tiré, et que ce ne soit qu'une préparation de cobalt faite avec plus d'étain ; il faut seulement avoir l'attention d'ajouter un poids égal de fondant au poids que l'on a mis de cet azur, indépendamment des trois parties de fondant que l'on a déjà mises avec le cobalt. Ce mélange présente à l'emploi une couleur bleue suffisante pour pouvoir juger de celle qu'elle acquiert au feu ; il fond très bien à tous les feux, et fond sur la porcelaine ou sur l'émail en bleu aussi brillant que le plus bel outre-mer. Si l'on s'aperçoit que le bleu de cobalt vienne à rougir en le gardant, c'est une preuve qu'il contient encore trop d'acide nitreux ; dans ce cas, il faut le remettre dans l'eau comme on a déjà fait ; et, après l'avoir lavé deux ou trois fois dans différentes eaux, on le fait sécher et on l'expose de nouveau sur un tesson au milieu des charbons ardens.

Toute cette opération est longue et ennuyeuse, mais elle est indispensable pour pouvoir tirer du cobalt la couleur qui est si belle et si fine quand elle est entrée en vitrification, mais qui est en même temps si volatile, qu'il est facile de la perdre avant qu'elle soit en fusion ; lorsqu'on vitrifie du cobalt, on n'a quelquefois que du noir au lieu de bleu que l'on désire. (*Voyez* les *Mémoires sur différens sujets*, par M. Montamy.)

Jaune.

On prendra trois parties de plomb qu'on exposera dans une capsule de fer à un grand feu de charbon, et lorsqu'il sera fondu on y mettra une partie d'étain qui se réduit, à la surface du plomb, en une poudre jaune qu'on retire à mesure qu'elle se forme ; ensuite il faudra faire réverbérer cette poudre jaune, qui n'est qu'un oxide d'étain. Après cela on le mêlera et triturera avec le sel marin (chlorure de sodium) bien pur, et on l'exposera au feu sous un moufle, comme on a fait pour les oxides de fer ; et, après l'avoir traité de la même manière que ces oxides, on pourra le joindre avec le fondant et s'en servir pour peindre sur l'émail et la porcelaine.

Autre manière d'opérer.

On prend un creuset que l'on met au milieu des charbons ardens, et, lorsqu'il est chaud, on y jette deux parties de nitre ; et quand ce sel est bien fondu on y joint quatre parties d'étain, ensuite on anime le feu avec un soufflet, et il en résulte un oxide jaunâtre que l'on fait réverbérer, et qu'il faut laver ensuite dans un grand volume d'eau pour l'édulcorer, après quoi on le mêle avec le fondant, et on s'en sert pour peindre.

Autre Jaune.

Il faut prendre le plus beau jaune de Naples que l'on trouve préparé chez les marchands de couleurs, le mêler et le triturer avec le double de son poids de sel marin, chlorure de sodium, purifié et exposé à un feu de charbon, de la même manière que l'oxide de fer, c'est-à-dire pendant deux heures, et donner un grand feu sur la fin de l'opération, ensuite il faut l'édulcorer, par un grand nombre de lotions, et le faire sécher pour le mêler avec le fondant.

Le jaune de Naples, selon M. Montamy, est une espèce de minéral qu'on tire de la terre aux environs de Naples. Cette espèce de pierre, dit-il, dont il y en a de jaune plus ou moins foncé, est très poreuse, et paraît être composée de grains de sable jaune, faiblement liés les uns avec les autres, puisqu'on les écrase facilement avec le pilon. Cette matière ne change point au feu, et ne fait point d'effervescence avec les acides; il y a apparence qu'elle doit être produite par quelque volcan. M. Montamy s'est trompé sur la nature de cette substance, qui est un produit de l'art. M. Fougeroux, de l'Académie des Sciences, en a publié la composition.

Couleur jaune citron; procédé inséré dans les Mémoires de l'Académie de Berlin, trouvé par M. Margraaf.

On fait dissoudre une demi-once ou 1562 décag. d'argent fin de coupelle, le plus pur et le plus dépouillé de cuivre qu'il est possible, dans une suffisante quantité d'acide nitrique très pur, jusqu'au point de saturation ; ensuite on dissout dans quatre onces ou 12 décag. 500 d'eau distillée, une once de sel d'urine, 3 déc. 125, qui fait la base du phosphore : on fait tomber cette fusion goutte à goutte dans l'esprit de nitre, contenant l'argent dissous, qu'il faut étendre dans quatre parties d'eau ; on continue à laisser tomber la dissolution de sel d'urine, jusqu'à ce qu'il ne se précipite plus rien, par ce moyen on obtient un précipité de la plus belle couleur de citron, qu'il faut ensuite traiter avec le chlorure de sodium, sel marin, et édulcorer comme il a été dit plus haut.

De l'Urine.

Le premier chimiste qui a fait une analyse de l'urine, est M. Margraaff, qui annonça, en 1737, y avoir trouvé plusieurs sels qui formaient le phosphore. MM. Rouelle le cadet, Schéèle et Berthollet, y ont découvert l'acide phosphorique à nu.

L'urine est regardée comme une lessive animale.

On en distingue de deux sortes, l'une appelée de la digestion, l'autre de la boisson, à cause du peu de temps qu'on met à la rendre après les alimens.

La térébenthine donne à l'urine une odeur de violette, et l'asperge une odeur fétide.

Cette liqueur rougit la teinture du tournesol ; sa chaleur est de 30 à 32 degrés.

Elle se trouble et dépose plus vite dans une température froide.

Abandonnée à elle-même, l'urine perd rapidement son odeur, qui est remplacée par celle de l'ammoniaque; celle-ci se dissipe, la couleur jaunâtre devient brunâtre et prend une odeur fétide et nauséabonde. Putréfiée, l'urine contient plus d'alcali nu que lorsqu'elle est fraîche.

Évaporée lentement, les premiers cristaux qui se forment sont les phosphates terreux.

Rapprochée en consistance d'extrait ou de miel, et cet extrait mêlé avec du muriate de plomb et du charbon, le produit de la distillation est du phosphore.

Les célèbres Fourcroy et Vauquelin ont fait de nouvelles études sur l'urine, mais encore sur les calculs urinaires.

Les diverses recherches faites sur l'urine prouvent que l'on peut en séparer plus de treize substances; les principales sont :

1°. De l'eau.

2°. De l'urée.

3°. Du muriate d'ammoniaque.

4°. Du muriate de soude.

5°. Du sulfate de soude.

6°. Du sulfate de potasse.

7°- Du phosphate de magnésie.

8°. Du phosphate de chaux.

9°. Du phosphate de soude.

10°. Du phosphate d'ammoniaque.

11°. De l'acide urique.

12°. De l'acide benzoïque.

13°. De l'acide lactique et de l'acétate d'ammoniaque.

14°. De l'alumine.

15o. Du mucus de la vessie.

16°. De la silice, etc.

Il existe aussi des urines blanches, noires ou jaune orangé; des urines sucrées, laiteuses, gélatineuses, etc.

Variations dans les compositions.

Rouge, page 289.

Voir le Pourpre, p. 77.
Argent et étain en plus.

Rouge, page 296.

Vitriol de Hongrie.
Vinaigre distillé.
Eau distillée.
Sel marin (chlorure de sodium).

Autre rouge, p. 294.

Émail de fer, ou vitriol martial.
Sel de tartre (sous-carbonate de potasse).
Eau,
Sel marin (chlorure de sodium).
Safran de Mars (tritoxide de fer).

Bleu, p. 291.

Cobalt.
Esprit de nitre (voy. Acide nitrique).
Eau.
Eau forte (voy. Acide nitrique).
Sel marin (chl. de sodium).
Indigo, ou bleu de Prusse.

Bleu, p. 298.

Smalt plus foncé, ou verre de cobalt.
Fondant.

Jaune tendre.	*Jaune tendre*, p. 298.
Etain.	Blanc de plomb de Venise. Fondant.

Autre jaune, p. 320.	*Autre jaune*, p. 298.
Argent de coupelle. Nitre (nitrate de potasse). Sel d'urine. Eau distillée.	Jaune de Naples. Fondant. Céruse (sous-carbonate de plomb). Antimoine diaphorétique, composé de peroxide d'antimoine et de potasse. Alun. Sel ammoniac (voyez *Hydro-chlorate d'ammoniaque.*)

Nous avons énuméré les différences dans les compositions pour ne rien laisser à désirer snr les recherches, et mieux faire remarquer que dans tont il existe des compositions et des procédés qui varient, quoique ramenant au même résultat le plus souvent, ce qui démontre combien les hommes ont encore de recherches à faire pour découvrir les secrets de la nature. Nous ne saurions trop recommander aux artistes qui voudront composer les couleurs que nous avons décrites, de suivre bien exactement nos opérations, parce qu'elles sont le fruit d'une longue étude et de l'expérience. Nous allons terminer cette partie en indiquant la manière d'appliquer le platine sur la porcelaine.

Application du platine.

On dissout du platine dans l'eau régale (acide hydro-chloro-nitrique), et on le précipite par une solution de muriate d'ammoniaque.

On sèche le précipité rouge et cristallin qui se forme, on le réduit en poudre fine, et on le fait rougir légèrement dans une cornue de verre. Le muriate d'ammoniaque, qui s'était précipité avec le platine, se sublime, et le métal reste au fond de la cornue, sous la forme d'une poudre grise, légère. On mêle cette poudre avec une petite portion de fondant, comme on le fait pour l'or; on la broie à l'huile de lavande, on la cuit et on la brunit. La couleur est d'un blanc d'argent tirant légèrement sur le gris d'acier.

Outre cette méthode d'appliquer le platine sur la porcelaine, on peut l'y transporter en état de dissolution. Dans ce cas, sa couleur, son brillant et son aspect sont très différens.

En évaporant la dissolution nitro-muriatique jusqu'à une certaine consistance, et en la plaçant à plusieurs reprises sur les pièces, le métal pénètre dans leur substance, et offre, après la cuite, un miroir métallique de la couleur et du brillant de l'acier poli.

Des Vases Murrhins.

Si, dans les travaux en porcelaine, nous avions parlé de quelques uns particulièrement, hors le camée que nous avons traité page 184 et suivantes, nous aurions signalé les vases murrhins, qui sont inconnus dans nos fabriques, et qui méritent d'être rappelés ici, afin d'exciter l'émulation de nos fabricans et de nos artistes, qui, jaloux d'offrir du merveilleux à la société, travailleront peut-être à une production qui paraît encore indéfinie, et dont le succès honorerait l'industrie française.

Voici, en conséquence, une note tirée de Juvénal, 2ᵉ. volume, page 66.

« Tout ce que l'on sait aujourd'hui sur ces sortes de vases, c'est qu'ils étaient fort rares, et d'un prix exorbitant; que Néron en acheta un 300 talens, ce qui fait environ un million et demi de nos livres.

Je vais prouver que l'on a jusqu'à présent mieux dit ce qu'ils n'étaient pas, que ce qu'ils étaient en effet. Le passage de Pline sur les vases murrhins (*Oriens murrhina mittis*, *lib.* 37, *c.* 2), a exercé plusieurs savans en différens pays. Michel Mercatus et le cardinal Baronius ont prétendu que les vases murrhins étaient faits avec de la myrrhe. N. Guibert les a réfutés, dans une dissertation imprimée à Francfort, en 1597. Athenée (*Deipnosoph.*, *lib.* 11, 2) avait dit que dans la composition de certains vases, on employait de l'argile pétrie avec des aromates. Il n'en fallait pas davantage à Paulmier de Grentemesnil (*Exercit. in auct. græc.* p. 517), pour imaginer que ceux dont il s'agit, étaient d'argile pétrie avec de la myrrhe, ce qui leur avait fait donner le nom de vases murrhins. Pline ne parle point d'argile, mais d'une pierre qui se trouve dans les entrailles de la terre. Pierre Bellon (*Obs. lib. 2, c. 7*), prétendait que ces vases étaient d'une espèce de coquillage; ce qui ne répugne pas moins au témoignage de Pline. Cardan, Mercurialis, Scaliger, Kempfer, M. Mariette et l'éditeur de la nouvelle traduction de Sénèque, ont avancé que les murrhins étaient de porcelaine. M. l'abbé Leblond a combattu cette assertion dans un Mémoire lu en 1779 à l'Académie des Belles-Lettres. Le vers de Properce, *Murreaque en partis pocula coctæ focis?* (*lib.* 14, *Eleg.* v. 36) semble favoriser l'opinion des savans que je viens de citer.

Cependant, si l'on considère :

1°. Que les murrhins étant rares, précieux et d'un très grand prix, l'art a dû chercher à les imiter ;

2°. Que, selon Pline (*lib.* 46, *cap.* 6), on en fit avec du verre, et qui n'étaient pas si chers; on sentira que c'est à ces murrhins factices que le vers de Properce fait allusion.

On trouve dans les Mémoires de l'Académie de Cortone une dissertation dans laquelle M. Janhon de St.-Laurent essaie de prouver que ces vases étaient d'agate onix ou sardonix : c'est aussi le sentiment de M. l'abbé Leblond. M. Larcher, après avoir pesé cette opinion, après l'avoir confrontée aux chapitres de Pline (2 et 6 du 37° liv.), en conclut ,

dans un excellent Mémoire lu en 1779 à l'Académie des Belles-Lettres, que, pour savoir à
quoi s'en tenir à cet égard, il faut faire de
nouvelles recherches, et surtout ne point perdre de vue la description que Pline le natu-
raliste nous a laissée des vases murrhins.

CHAPITRE VIII.

DE LA PRÉPARATION DES COULEURS, DE LA PEINTURE ET DE LA CUISSON.

SECTION I.

Préparation des couleurs.

On pile les couleurs dans un mortier d'agate,
de porcelaine ou de verre, avec un pilon de
même matière, le plus promptement possible,
et à l'abri de la poussière; ensuite on broie
sur une glace adoucie et non polie, qui est
fixée dans un cadre de bois rempli de bon
plâtre, et sur lequel elle est posée de niveau,
parallèlement avec la planche qui sert de fond
au cadre pour lui donner une assiette solide:
il faut prendre garde qu'elle porte également
partout, sans quoi elle se casserait par la pression. La molette doit être aussi de verre adouci
comme la glace. On prend, avec un pinceau, de
deux espèces d'huile; on met ces huiles sur

le verre à broyer avec la couleur, et on ajoute du fondant en différentes proportions, que l'on a soin de peser exactement, ainsi que la couleur, pour savoir au juste ce que l'on a employé, et pouvoir se régler d'après les essais que l'on fait en tâtonnant. La règle générale pour les fondans est de mettre deux fois et demie autant de fondant que de matière colorante; mais il y a des couleurs qui en exigent moins, d'autres plus : le smalt n'en demande que la moitié en sus de son poids.

Il faut avoir une grande attention de ne broyer les couleurs qu'avec une petite quantité d'huile, parce que, si l'on en mettait trop, cette huile, en s'évaporant, laisserait des vides entre les molécules colorées, et le peintre ne pourrait qu'imparfaitement rendre le sujet qu'il aurait le dessein de faire; d'ailleurs, les couleurs étant des oxides métalliques, courraient le risque de se revivifier.

Il est absolument nécessaire de faire sécher la peinture sur un poêle, à une chaleur assez considérable, avant de la mettre à la moufle. On broie les couleurs comme pour la miniature; il ne faut sentir aucune aspérité ni sous la molette ni sous les doigts; leur fluidité doit être telle que l'on en puisse faire aisément un trait léger et net avec le pinceau.

SECTION II.

De la Peinture.

Si la nature répand sur la terre la beauté

des couleurs, si elle embellit nos jardins et les prairies, les arts viennent l'enrichir en cherchant à l'imiter : en frappant la vue ils agrandissent la pensée, et élèvent l'homme au-dessus de tous les êtres existans.

Pour dissiper ses ennuis, il cherche à se distraire, quand le travail n'est pas pour lui le premier besoin. Heureux quand ses distractions le portent vers le beau idéal ! en devenant heureux, il devient aimable. L'étude le dirige vers le savoir, et la science en fait souvent un homme d'état ; s'il devient supérieur, les muses le chantent, et la postérité recueille son nom.

Dans tous ses ouvrages, le poète, dit un auteur ami des arts, dessine les hommes de toutes les espèces et de toutes les nations; il met leurs passions en mouvement; il les combine, les rapproche suivant ses désirs, et il en forme des scènes tendres, pathétiques, terribles ou cruelles; enfin il trace, aux yeux de ses lecteurs ou de ses auditeurs, des tableaux de tous les genres, qui, quelquefois, sont imités des peintres et des statuaires.

Le peintre d'histoire, à son tour, veut rivaliser avec le poète, et c'est ordinairement dans les ouvrages de celui-ci que le premier puise les sujets qu'il veut peindre. L'artiste d'abord fixe ses regards sur le point qui suspend ses facultés morales. Bientôt après son imagination s'enflamme, le génie de la peinture élève ses idées, sa pensée s'ouvre un vaste

champ, sa main agit , il anime la toile , le char
de la liberté semble voler, et il devient poète
à son tour.

Les Jules Romain, les Pierre et Paul Rubens,
les Apelles, les David, les Gérard , les Vernet,
les Girodet et autres peintres célèbres ont eu
le génie de l'antiquité, une imagination ar-
dente et féconde, et ont peint pour le présent
et pour la postérité.

Division de la Peinture.

Suivant M. Lenoir, on distingue deux genres
de peintures : la peinture monochromate ou
camayeux, et la peinture imitant le relief. Ce
qui constitue l'art d'imiter le relief ou les sail-
lies est appelé clair-obscur.

Parties constituantes de la Peinture.

La peinture se compose de quatre choses essentiellement nécessaires dans sa pratique :

1°. De la conception ou de la composition ;

2°. Du dessin ;

3°. De l'art de distribuer la lumière et les
ombres ;

4°. De la manutention ou de l'art d'exposer
les couleurs.

La conception, dit encore M. Lenoir, est le
résultat du génie et de la pensée ; elle est donc
une conséquence de l'organisation physique
et de l'éducation morale.

Elle s'exprime,

1°. Par la situation plus ou moins variée et

plus ou moins frappante dans laquelle le peintre place ses figures;

2°. Par la distribution plus ou moins sentie de ses groupes;

3°. Par la force ou la douceur qu'il donne à ses expressions.

J.-J. Rousseau disait un jour à Bernardin de Saint-Pierre, « que, quoique le champ des couleurs célestes soit le bleu, les teintes du jaune qui se fondent avec lui ne produisent point la couleur verte, comme il arrive dans nos couleurs matérielles, lorsqu'on mêle deux nuances ensemble »; mais je lui répondis (Bernardin de Saint-Pierre) que j'avais aperçu plusieurs fois du vert au ciel, non seulement entre les tropiques, mais sur l'horizon de Paris.

Et parlant de la peinture une autre fois, J.-J. Rousseau dit au même: « Les peintres donnent l'apparence d'un corps en relief à une surface unie; je voudrais bien leur voir donner celle d'une surface unie à un corps en relief. » — « Je ne lui répondis rien pour lors; mais, ayant depuis pensé à la solution de ce problème d'optique, je ne l'ai pas trouvé impossible. Il n'y aurait, ce me semble, qu'à détruire un des extrêmes harmoniques qui rendent les corps saillans. Par exemple, pour aplanir un bas-relief, il faudrait qu'ils peignissent ses cavités de blanc ou ses parties saillantes de noir; ainsi, comme ils emploient l'harmonie du clair-obscur pour faire disparaître un corps sur une surface plane, ils pourraient se servir de la monotonie d'une seule teinte pour faire disparaître ceux qui sont en relief. Dans le premier cas, ils font voir un corps sans qu'on puisse le toucher; dans le second, ils feraient toucher un corps sans qu'on pût le voir. Cette magie-ci serait bien aussi surprenante que l'autre. »

Ainsi donc la pratique de la peinture se compose, 1°. de la connaissance du clair-obscur, ou l'art d'exprimer sur une surface plane le relief d'une figure ou d'un corps quelconque; 2°. de la manutention du pinceau; 3°. de l'amalgame des couleurs et de leur composition, soit naturelle ou factice.

Du Dessin.

L'art du dessin se compose de linéamens, d'une part, et de l'autre de plusieurs sciences dont la connaissance et même la pratique sont indispensables au dessinateur. On entend par linéamens, l'art de rendre par un trait pur, ou par un seul contour, les formes intérieures et extérieures de tous les corps ou de tous les objets qui se présentent à la vue. Les sciences identiques du dessin, sont :

1°. La physiologie ou la connaissance du corps humain;

2°. L'art d'exprimer les passions de l'âme;

3°. L'anatomie;

4°. La perspective;

5°. L'architecture.

On ajoute encore, à toutes ces sciences, la

connaissance des costumes de tous les peuples et de tous les âges, dans les contrées de la terre.

Avant de peindre, la connaissance des couleurs que le peintre doit employer lui est indispensable. Elles sont trop tendres ou elles sont trop dures : si elles sont l'une ou l'autre, il faut les modifier. Quelquefois elles rendent au feu une couleur pâle, sans brillant; c'est encore le cas de corriger la composition; c'est pour cela qu'il fait (le peintre) des inventaires.

Les inventaires sont des morceaux de porcelaine, larges d'un pouce (ou 0,028) et environ quatre lignes (ou 0,009) d'épaisseur, émaillés et cuits au grand feu. Le peintre fait, sur ces morceaux de porcelaine, des traits de deux ou trois lignes (0,007), avec la couleur qu'il veut essayer. On numérote chaque couleur; on renferme les couleurs, soit dans une boîte ou dans toute autre chose. Les inventaires, ordinairement, se mettent au moufle quand on cuit les couleurs. C'est au feu, après la cuite, qu'on reconnaît si les couleurs sont parfaites. On tient registre de ces compositions.

De la manière de charger la palette.

Le peintre en porcelaine a au moins autant de morceaux de verre uni et doux qu'il a de couleurs à employer.

Chaque fois qu'il veut prendre de la couleur il fait usage d'une lame d'acier extrêmement mince, flexible, et taillée en biais, contenue dans un manche comme un couteau. La couleur est chargée d'huile grasse, et broyée avec la molette de verre, avant d'être enlevée légèrement par le pinceau. Ici nous laissons l'artiste avec son génie. Ce qui était muet, parle aux yeux, l'imagination s'enflamme, et les doigts viennent lui prêter leur secours. Une main légère trace toujours des traits larges et légers, et les nuances, ménagées avec art, font ressortir des reflets, des mouvemens suaves comme le zéphir, et ces perspectives que l'œil admire.

Un bon peintre est le poète de la nature.

Il faut exposer les pièces de porcelaine nouvellement peintes à la chaleur, pour faire sécher les couleurs et évaporer les huiles.

Pour opérer cette sécheresse, on met ces pièces sur une plaque de tôle percée de plusieurs trous, par lesquels le calorique passe et produit son effet.

SECTION III.

De la Cuisson des couleurs.

Le manufacturier en grand a des moufles de plusieurs dimensions, construits avec la terre à gazette; leur forme est une voûte profonde, figurant le bluttoir, au-dessus de laquelle il y a un petit canal pour l'échappement de la flamme. On les forme sur un modèle en bois. Les moufles ont une porte de même matière, avec un tuyau à leur milieu, appelé canal d'observation; quand le feu est au moufle, celui-ci doit être rendu à l'état de ductilité par le feu, avant de s'en servir, et on l'enduit, dans son intérieur, de mauvaise pâte de porcelaine délayée dans l'eau, ce qui tient lieu de vernis.

Les moufles sont placés à demeure et entourés d'un mur en brique de chaque côté ; mais on laisse un vide entre le moufle et le mur, dans lequel on place le charbon pour cuire le moufle; celui-ci pose sur des bandes de fer ou sur une plaque en tôle, qui forment gril, et dont on en retire deux quand le moufle est cuit, pour laisser tomber le charbon.

Généralement, dans les fabriques, on cuit le moufle au bois, et le foyer se trouve sous ce dernier.

Avant de remplir le moufle, on garnit son plancher de petites plaques de porcelaine, sur lesquelles on pose les grandes pièces, et sur les bords de celles-ci, quand il y a possibilité, d'autres plaques, pour recevoir d'autres pièces. On en met autant qu'on le peut dans le moufle, ayant bien soin que les bords dorés ne soient pas chargés de manière à ce que l'or pût être enlevé. Sur le devant du moufle, on place les échantillons qui doivent en être extraits par le tùyau de la porte, quand on pense que les couleurs sont cuites. La porte est maçonnée avec de la terre à four : cette terre est jaune.

Quand on cuit le moufle au charbon, le choix de ce combustible doit se faire avec attention ; il faut qu'il ne contienne aucun fumeron et qu'il brûle bien : on donne la préférence au charbon de bois de hêtre ou de chêne, bien sain.

Si on cuit au bois, il faut que celui-ci soit bien sec, et qu'il produise une flamme très claire. Toute fumée noircit l'or, et porte atteinte au brillant des couleurs.

En cuisant au charbon, on enveloppe le moufle de ce combustible, et la direction du feu n'offre aucune difficulté. Si on cuit au bois, il faut entretenir le feu avec soin, lequel, avec l'un ou l'autre combustible, dure deux à trois heures ; temps suffisant pour cuire les couleurs et l'or.

Quand, par l'échantillon, on reconnaît que le moufle est cuit, on se hâte de retirer le feu, pour éviter une trop forte cuisson, et d'intercepter tout courant d'air, pour prévenir le danger de toute détonation dans le moufle.

On défourne à froid.

On s'imagine bien que le combustible, qui n'a pas été consommé à la cuisson, est mis dans un grand étouffoir, si c'est du charbon, ou dans l'eau si c'est du bois, en vue de l'économie.

Finalement, pendant la cuisson, on doit éloigner toute personne qui aurait mangé de l'ail, ou ferait usage de remèdes mercuriels.

Toutes exhalaisons regardées comme impures sont pernicieuses aux couleurs et à l'or en fusion.

Du Brunissage.

Ce travail est le dernier dans la fabrication de la porcelaine; on le confie aux femmes.

Pour brunir, on se sert de brunissoirs d'agate, de blanc de céruse ou d'Espagne; de vinaigre et de peau de mouton, pour essuyer.

Comme il faut de la propreté et prévenir la sueur des mains, la brunisseuse tient sa pièce avec un linge blanc.

Pour brunir, il faut une main légère, frotter mollement avec le brunissoir sur l'or, et suivre avec celui-ci les contours des arabesques, de tous les autres ornemens et filets, et ne jamais brunir en sens inverse, afin de ne pas rayer l'or.

On brunit une première fois, on passe un peu de vinaigre ou de céruse sur l'or, pour le dégraisser, et on essuie légèrement avec un linge blanc, puis on rebrunit une deuxième fois. On reconnaît que le brunissage est parfait, quand l'or est brillant partout et qu'il n'est pas rayé.

Nous indiquerons, en terminant la porcelaine dure, à MM. les Artistes, le pantographe, nouvel instrument avec lequel on copie les traits de toutes sortes de dessins ou de tableaux, et on réduit à volonté les sujets, comme on peut les augmenter.

Cet instrument est composé de quatre règles mobiles, ajustées ensemble sur quatre pivots. (Voir le *Dictionnaire de Chimie*, page 339.)

M. Charot, ingénieur-mécanicien, construit cet instrument, ainsi que plusieurs de ses confrères.

CHAPITRE IX.

DE LA PORCELAINE TENDRE.

Nous n'indiquerons ici cette porcelaine que pour mémoire, puisque depuis 1805 on ne la fabrique plus.

Cette porcelaine supporte, sans s'amollir, un degré de chaleur supérieur à celui auquel fond le verre commun; elle n'est pas aussi aigre que le verre, mais bien plus dure; elle n'est pas transparente comme le verre, mais seulement semi-transparente; sa cassure n'est point terreuse, mais vitreuse; elle rend un son clair lorsqu'on la frappe avec un corps dur : elle supporte beaucoup mieux que le verre les changemens de température.

En Allemagne, elle se fait avec une argile blanche et très peu réfractaire, à laquelle on ajoute assez de fritte (glass-fritte), composée de silice et de potasse, pour disposer la masse à une demi-vitrification.

A Sèvres, selon M. Brongniart :

Un mélange de nitre de potasse,

De soude d'Alicante,

D'alun,

De sélénite, et une grande quantité de sable ferrugineux et un peu de muriate de soude.

Il ne mentionne pas le savon noir et l'arsenic, qui entraient également dans cette composition (à Tournay surtout).

On chauffait ce mélange au point de le faire passer à l'état de pâte; ainsi fondu, on le pétrissait avec soin pour opérer un mélange intime des ingrédiens. Après le refroidissement, on réduisait cette fritte en poudre fine, et l'on mêlait trois parties de cette poudre à une partie d'argile blanche d'Argenteuil, et c'est de ce dernier mélange que l'on faisait la porcelaine tendre.

Une masse de cette espèce n'est pas aussi tenace et aussi visqueuse que celle dont on fait la porcelaine dure, et l'opération pour la façonner demandait des précautions particulières.

L'argile que l'on emploie (on employait de la terre d'Alençon), à la fabrication de la porcelaine, doit être blanche et ne pas contenir de fer.

La chaux, la sélénite et des terres semblables qui, fondues seules, produisent un verre transparent sans couleur, peuvent servir au même usage : seulement il faut, dans le choix des fondans, ne pas perdre de vue les principes suivans.

La masse dont on veut faire de la porcelaine ne doit pas être plus réfractaire que la gazette et le four qui servent à sa cuisson.

Il ne faut pas ajouter plus de fondant que n'en peut supporter l'argile sans perdre trop de sa viscosité.

M. Mally donne trois recettes, qui ne diffèrent que par les proportions :

1°. Quartz absolument blanc, 8 parties ; tessons de porcelaine blanche 15; sélénite calciné 9;

2°. Quartz, 17 parties; tessons de porcelaine, 16 parties ; sélénite, 7 parties ;

3°. Quartz, 11 parties; tessons de porcelaine, 18 parties ; sélénite, 2.

La terre à porcelaine que l'on emploie à Berlin, est mêlée originairement de sable et de cristaux de chaux sulfatée; celle de Passau, de petits morceaux de granit et de feldspath : le fondant que l'on ajoute varie selon les fabriques.

A Berlin, et dans la plupart des fabriques d'Allemagne, l'on ajoute du feld-spath : dans quelques manufactures, c'est un sable calcaire; à Sèvres, du granit contenant du quartz et du mica.

Des Travaux.

Tout fabricant de porcelaine dure, connaissant les compositions que nous venons de décrire, et celles qui vont suivre, peut fabriquer de la porcelaine tendre. La préparation des pâtes est indiquée même par la composition.

Relativement à la confection des pièces, tout ouvrier en porcelaine dure peut travailler en porcelaine tendre; mais celle-ci est délétère en ce qu'elle comporte de l'arsenic.

Un tourneur, un mouleur, après douze ou quinze ans de travaux, sont au moins poitrinaires, et pour prévenir un danger trop certain et trop prompt, le tourneur comme le mouleur doit mouiller la pièce avec l'éponge pour la finir, afin de prévenir la trop grande poussière.

On pense que cet inconvénient grave a déterminé le gouvernement à proscrire cette fabrication à Sèvres, seule manufacture en France qui fabriquait alors cette porcelaine; depuis long-temps on ne la fabriquait plus à Chantilly.

A Tournay, on fabrique une porcelaine tendre, également frittée, mais on ignore si l'arsenic entre dans sa composition; on ne le pense pas. On sait qu'au four il faut mettre les pièces de porcelaine dans des renversoirs de mauvaises pâtes qui ont la forme d'un cône renversé; pour soutenir cette porcelaine, qui dans la grande chaleur tomberait à plat, on est aussi obligé de soutenir les garnitures par des supports pour qu'à la cuisson elles ne se détachent pas des pièces.

Cette porcelaine n'est peinte qu'en gros bleu, et ce sur l'émail avant sa cuisson.

A l'usage elle devient d'un blanc sale et gras, ce qui est un effet de sa couverte; aussi cette porcelaine est peu transparente et ne peut s'enrichir de formes élégantes. On sent, au surplus, qu'elle est très épaisse, ce qui la rend extrêmement lourde.

La porcelaine tendre, que l'on appelait porcelaine de France, était belle et d'un blanc mat; les couleurs se fondaient parfaitement avec elle et paraissaient plus éclatantes que sur la porcelaine dure; mais on ne pouvait atteindre l'élégance, comme on le peut avec cette dernière.

La composition de la couverte de la porcelaine tendre, est du sable blanc, de la potasse ou de la soude, et $\frac{1}{7}$ d'oxide de plomb. On fait fondre ce mélange, et l'on pulvérise le verre obtenu de cette fusion; de la poudre qui en résulte on en fait une espèce de bouillie, très liquide, dont on imprègne les pièces après leur avoir fait subir une première cuisson. Comme le biscuit de cette porcelaine ne boit pas l'émail, on ne peut lui appliquer la méthode de l'immersion.

On remet au four les pièces ainsi imprégnées d'une première couverte; cette cuisson n'est pas la dernière, car elle est modérée, par la raison que la couche d'émail donnée n'étant pas très uniforme, on est obligé d'en donner une seconde pour égaliser les épaisseurs et les mettre au degré exigible; alors on remet au four à émail, après avoir cuit dans le four à biscuit qui est au-dessus du premier, et on donne un feu définitif qui est moins grand que pour la porcelaine dure.

Les renversoirs dont nous avons parlé plus haut se mettent au four dans des gazettes. Finalement, la porcelaine tendre ne supporte pas aussi bien les changemens de température que la porcelaine dure.

~~~~~~~~~~~~~~~~~~~~~~~~~~~~~~~~~~~~~

CHAPITRE PARTICULIER.

POIDS SPÉCIFIQUE DES CORPS.

LES terres sont plus ou moins pesantes, comme les minéraux; et pouvoir déterminer et connaître les différences, est ce qu'il importe pour les analyses comme pour les compositions.

Si donc on pouvait réduire tous les corps au même volume, il suffirait de les peser tous dans la balance ordinaire, et d'employer des poids plus ou moins considérables, suivant que ces mêmes corps seraient plus ou moins denses (dense signifie épais). Mais deux volumes, fussent-ils même égaux, étant de nature différente, ne donneraient pas le même poids, parce que leurs parties constituantes diffèrent entre elles de poids, quoique non de volume; aussi, après des raisonnemens scientifiques, la physique s'est arrêtée au principe d'hydrostatique découvert par Archimède, à l'occasion d'un problème qu'Hiéron, roi de Syracuse, lui avait, dit-on, proposé, soupçonnant qu'un orfèvre à qui il avait ordonné de fabriquer une couronne d'or y avait allié une certaine quantité d'argent.

L'opération d'hydrostatique consiste d'abord à tenir en suspens un corps par un fil que l'on considère comme étant sans pesanteur, et le plongeant ensuite dans l'eau il ne faut plus de force pour le soutenir, parce qu'il est soutenu tout entier par le liquide qui exerce sur lui le même effort que quand il était en équilibre et soutenu par le fil : c'est ce que les physiciens désignent sous le nom de la pesée dans l'air. On concevra donc qu'un corps plongé dans l'eau, déplace une partie de ce liquide ; quoique un corps plongé dans l'eau devienne plus pesant, l'eau n'en continue pas moins de faire équilibre à toute la partie du poids de ce corps , qui égale le poids primitif ou celui du volume d'eau déplacée ; en sorte que si l'on pèse ce corps ainsi plongé , il n'y aura que l'excédant du poids primitif qui agisse sur la balance : d'où il suit que pesant d'abord un corps dans l'air, comme nous venons de l'indiquer, et ensuite dans l'eau un corps respectivement plus pesant que ce liquide , il y perd une partie de son poids égal à celui du volume d'eau déplacée. Voilà comment on détermine le rapport entre le poids d'un corps et celui de l'eau, à volume égal , et dès-lors ce liquide sert de mesure commune pour comparer entre elles les pesanteurs spécifiques des corps.

La balance destinée pour les recherches de ce genre se nomme balance hydrostatique; le corps sur lequel on opère est suspendu par un crin à un petit crochet fixé sous l'un des bassins, ce qui procure la facilité de plonger ce corps dans l'eau pour l'y peser.

Pour cette opération on prend de l'eau distillée, ou, à son défaut, de pluie, qui a sensiblement le même degré de pureté, et on l'emploie à la température de 14 degrés du thermomètre divisé en 80 parties, qui répond à 17 degrés 5 du thermomètre centigrade, comme moyenne de notre climat.

Poids spécifique des corps ci-après.

Eau distillée............	1,000
Acide nitrique...........	1,550
—nitreux..............	1,207
—sulfurique............	1,841
Essence de térébenthine.	869
Or fin, fondu.........	19,258
Argent, *idem*..........	10,474
Platine purifié..........	19,500
Cuivre fondu...........	8,788
Fer, *idem*.............	7,207
Fer forgé..............	7,788
Étain fondu............	7,291
Plomb, *idem*...........	11,352
Zinc, *idem*............	6,861
Antimoine, *idem*.......	6,712
Arsenic, *idem*.........	8,308
Mercure...............	13,598
Cristal de roche........	2,653
Quartz cristallisé.......	2,655
Grès.................	2,416
Pierre à fusil, blende....	2,594
Noirâtre..............	2,582

Spath pesant............. 4,430
Fluor rouge.............. 3,191
Pierre ponce............. 915
Porcelaine de Sèvres..... 2,146
— de la Chine.......... 2,385
Soufre natif............. 2,033
Alun.................... 1,720
Bois de chêne........... 1,170
Hêtre................... 852

Le décimètre cube d'eau pèse un kilogramme.

Le mètre cube pèse 1000 kilogrammes.

La pesanteur spécifique de l'eau est à celle du plomb, comme 1000 à 11352; ainsi le mètre cube de plomb pèse 11352 kilogrammes, et le décimètre cube, 14,352.

En appliquant l'extrait de table que nous venons de donner, au décimètre cube, les nombres suivans expriment des grammes, et, en séparant les trois derniers chiffres par le point décimal, des kilogrammes; si l'on opère sur le mètre cube, les nombres, tels qu'ils sont, expriment des kilogrammes.

Pyromètre (Pyrometrum; Feuermesser Pyrometer).

Nous avons déjà dit un mot du pyromètre; mais comme cet instrument est important pour reconnaître les hautes températures des fourneaux, etc., nous allons entrer ici dans de plus grands détails.

Dès que les liquides, comme l'alcool et le mercure, sont exposés à une température capable de les réduire en vapeurs, l'usage du thermomètre doit cesser.

Pour pouvoir atteindre une température plus élevée et au-dessus du maximum du degré de 600, par exemple, du thermomètre de Fahrenheit, on atteint le but avec le pyromètre.

Toute argile exposée au feu prend du retrait, et n'augmente pas par le refroidissement. La diminution du volume est rapportée avec le degré de chaleur que l'on fait subir à la matière, par le pyromètre de Wedgewood.

Si l'argile fait exception à la règle par laquelle on a reconnu que les corps se dilatent à la chaleur, c'est parce que l'eau et les fluides élastiques qu'elle comporte se volatilisent.

Le pyromètre de Wedgewood est formé par une plaque de platine sur laquelle se trouvent deux rainures du même métal : ces rainures font un canal convergent.

A l'extrémité, où les deux lignes sont les plus divergentes, elles sont éloignées à une distance d'un demi-pouce, ou 0,014 mètre ; et à l'autre extrémité, où elles s'approchent le plus, elles sont éloignées l'une de l'autre de 3|10 de pouces, ou 0,007 mètre. Toute la longueur du canal est divisée en 240 parties égales. Comme tout le canal est de 22 pouces, ou 0,611 mètre de long, chaque degré est de 1|10 ou 0002 mètre de pouce. On compte les degrés depuis l'ouverture large jusqu'à l'extrémité étroite. Si un corps est taillé, qu'il

entre précisément dans le canal à l'extrémité
la plus large : il est naturel qu'après avoir di-
minué de volume par le feu , il doit s'y en-
foncer davantage.

On donne au morceau d'argile la forme cy-
lindrique un peu aplatie à une de ses faces.
Comme le retrait varie, par rapport aux argiles,
par un même degré de feu , Wedgewood , par
suite d'expérience , a fait un mélange de deux
parties d'argile de Cornouailles et d'une partie
d'alumine, et en a été satisfait. Il s'est pro-
curé l'alumine en précipitant l'alun et en
lavant fréquemment le précipité par l'eau
bouillante.

On mêle parfaitement l'argile avec l'alumine. On forme son cylindre par le moyen
d'un moule, et on égalise les cylindres pour
la longueur : on les fait rougir faiblement,
pour leur donner une consistance ductile.
Avant de les employer, on mesure le cylindre
par l'introduction dans le canal, s'il se trouve
trop long, on le coupe, s'il est trop court, on
marque la quantité de degrés dont on veut le
réduire.

Lorsqu'on veut l'employer pour le pyromètre, on l'expose au feu dont on veut connaître l'intensité. On retire le cylindre au bout
de quelque temps, et parvenu à l'état de froid,
on l'introduit dans la rainure. On observe le
degré qu'on peut lui donner , celui-ci indique
sa diminution, et par conséquent le degré de
chaleur qu'a pu subir le cylindre.

Le cylindre qui a servi ne peut être employé qu'à une température plus élevée, et non à une inférieure qu'il a indiquée.

Wedgewood a cherché à comparer les degrés pyrométriques avec ceux du thermomètre à mercure de Fahrenheit; il estime qu'un degré de son pyromètre est égal à 130 Fahr., et il met le zéro du pyromètre à 1777-50 du thermomètre de Fahr. (Dans une des notes suivantes on verra que M. Guyton-Morveaux a été conduit à des résultats tout différens; suivant ce chimiste, le zéro du pyromètre de Wedgewood répond à 518 Fahr. (Note des traducteurs.)

La table suivante contient les rapports entre les degrés du pyromètre de Wedgewood et le thermomètre de Fahrenheit.

	Fahr.	Wedg.
Maximum de l'échelle du pyromètre de Wedgewood....................	32,277,4	240
La plus grande chaleur du fourneau à vent de 8 pouces de diamètre, la porcelaine de Nankin, ne peut s'y fondre ni ramollir.....................	21,817	160
La porcelaine de la { Qualité sup.	21,357	156
Chine se ramollit. { Qualité inf..	16,600	120
Fer de fonte entièrement fusible.....	20,200	150
Porcelaine de Bristol, résiste à.......	18,627	135
Fer de fonte, commence à fondre à...	17,977	135
La plus grande chaleur d'une forge de maréchal ordinaire....................	17,322	178
La plus grande chaleur d'un fourneau de plaques de verre..................	17,197	124
La porcelaine de Bowe se vitrifie à....	16,807	121
La porcelaine de Berbis se vitrifie à...	15,637	112
La porcelaine de Chelea se vitrifie à...	14,729	105
La porcelaine de Wercaster..........	13,229	94

La chaleur du fer { La partie forte...	13,427	95
par la forge. { La partie faible..	12,777	90
Grès d'un blanc laiteux sale cuit.....	12,257	86
Fourneau de flint-glass (chaleur faible).	10,177	74
Chaleur pour la préparation des plaques de verre.....................	8,487	57
Le grès de Delft cuit................	6,467	41
L'or fin, fondu....................	5,237	32
Chaleur pour laisser déposer le flint-glass	4,847	29
L'argent fond (à 22. Thomson, Guyton-Morveaux, Kennedey)............	4,717	28
Le cuivre de Suède fond............	4,587	27
Le laiton fond....................	3,807	21
Degré pour les couleurs sur l'émail...	11,857	6
La chaleur rouge visible au jour......	1,077	0

Tous ces degrés sont idéaux. On imagine l'échelle de Fahrenheit prolongée à volonté, en supposant que la dilatation au-dessus du mercure bouillant se fasse d'une manière uniforme. A la rigueur, l'échelle de Fahrenheit ne peut passer 600.

Dans cette supposition, on imagine de plus que les degrés de l'échelle de Wedgewood expriment toujours des augmentations égales de chaleur, ou bien que les cylindres d'argile se contractent exactement dans le même rapport qu'elle augmente. Les expériences de MM. Miché et Fourmy ne sont pas d'accord avec ceci. Ils trouvèrent que les cylindres d'argile ne donnaient pas des résultats correspondans ; que plusieurs espèces de cylindres d'argile, exposés à la même chaleur, indiquaient des degrés tout différens ; que le retrait dépendait de la durée de la chaleur qu'on emploie, de la proportion d'argile et d'alumine, et de beaucoup d'autres circonstances. (On doit à M. Guyton-Morveaux un travail très-intéressant sur ce Mémoire. *Voyez* les *Annales de Chimie*, t. 73.)

Dans la première partie, l'auteur expose les procédés employés depuis Newton pour mesurer les dilatations des métaux par la chaleur. Sans entrer, disent les auteurs que nous suivons, dans les détails qu'exigeraient la description des instrumens, l'examen critique des circonstances des opérations, et la comparaison des degrés assignés par les observateurs, nous croyons faire connaître l'objet de ce premier Mémoire, en insérant ici la table qui le termine.

TABLE

Des Observations de la dilatation par la chaleur du terme de glace à celui de l'eau bouillante, exprimée en millionièmes.

DÉNOMINATION des métaux.	Mussem-broeck.	Herbert.	D. C. Juan.	Bouguer.	Corrigé.	Berthoud.	Blicot.	Semcalin.	Dehuc.	Général Roy.	Borda.
Verre blanc.		860	600	378	79	1105		83333	83333	tubes 774	150
Platine.										solide 807	366
Antimoine.								103533			86206
Fer.	730	1070	920	600		1339	1146	125333		fondu 1009	383
Acier.								socle 1150		1144738	1156
Bismuth.								trompe 1225			
Argent.		1890		1033	35	212437	1967	139737			
Or.				800			1396				
Cuivre.	800	1560	1670				1700		1700		179452
Laiton.	1010	1720	2040				1814	193333			
Étain.	1410	2120						288333			
Plomb.	1420	2620	11977					286667			
Zinc.								294147			
Métal de cloche. . .								318035	194443		
Laiton tors à la filière									135538		
Hambourg.									189180		
Anglais.									189488		

Voyez Miché, *Journal des Mines*, t. xiv; p. 42, et Fourmy, p. 423.
MANUEL DU PORCELAINIER, t. I, p. 352.

M. Guyton croit avoir trouvé dans le platine un corps qui se dilate uniformément dans les différentes températures, et qui peut supporter en même temps la plus grande chaleur sans se fendre et sans s'oxider. L'instrument inventé par ce physicien consiste en une plaque mince de platine, que l'on introduit horizontalement dans un canal qui se trouve dans une plaque d'argile plus réfractaire, cuite au feu le plus violent. Le morceau de platine repose, par l'une des extrémités, sur la masse d'argile qui termine le canal, l'autre extrémité touche à un levier courbé en équerre, dont le bras le plus long forme un cadran qui se meut sur un arc gradué. La marche du cadran indique la dilatation qu'éprouve le métal par la chaleur. (Voyez *Annales de Chimie*, 146, page 276.) Au reste, tous les pyromètres qui indiquent les petites dilatations des corps chauffés, par des rouages, des leviers, etc., ont le désavantage que le mouvement se fait rarement d'une manière uniforme, en raison du frottement qui met toujours obstacle.

On en trouve une description dans les *Philos. Trans.*, pag. 72, 74 et 76; d'autres pyromètres moins utiles se trouvent décrits dans le dictionnaire de physique de Gehler.

On a aussi donné le nom de pyromètre à plusieurs instrumens que l'on emploie pour déterminer la dilatation de différens solides à une température égale, comme le pyromètre de Muschenbroeck, d'Elicat, de Smeatra, de Deluc, etc. (Voyez la description d'un pyromètre imaginé par le général Roy. *Philos. Trans.*, 1-75.)

Explication des termes géométriques.

Nous avons donné l'analyse de l'origine des terres ; leurs figures présentent des formes que les naturalistes désignent sous des noms particuliers, et ces noms étant ceux indiqués dans la science géométrique, nous croyons devoir, pour l'intelligence des artistes particulièrement, donner l'explication des termes usités dans cette science, quoique généralement connus par les hommes instruits, et qui s'occupent des sciences et des arts :

Dièdre, qui a deux faces ;

Trièdre, qui a trois faces ;

Tétraèdre, qui a quatre faces ;

Pentaèdre, qui a cinq faces ;

Hexaèdre, qui a six faces ;

Heptaèdre, qui a sept faces ;

Octaèdre, qui a huit faces,

Enpeaèdre, qui a neuf faces ;

Décaèdre, qui a dix faces ;

Endécaèdre, qui a onze faces ;

Dodécaèdre, qui a douze faces ;

Tétradécaèdre, qui a quatorze faces ;

Pentodécaèdre, qui a quinze faces ;

Hexodécaèdre, qui a seize faces ;

Octodécaèdre, qui a dix-huit faces ;

Icosaèdre, qui a vingt faces ;

Icositessaraèdre, qui a vingt-quatre faces ;

Polyèdre, qui a plusieurs faces ;

Polygone, qui a plusieurs angles ;

Trigone, qui a trois angles ;

Tétragone ou quadrangulaire, qui a quatre angles ;

Pentagone, qui a cinq angles ;

Hexagone, qui a six angles ;

Heptagone, qui a sept angles ;

Octogone, qui a huit angles ;

Ennéagone, qui a neuf angles ;

Décagone, qui a dix angles ;

Endécagone, qui a onze angles ;

Dodécagone, qui a douze angles ;

Cube, solide régulier à six faces ;

Rhombe losange ;

Rhomboïde , parallélogramme, dont les côtés contigus et les angles sont inégaux ;

Triangle, qui a trois côtés et trois angles.

Du Bois.

Le chêne, ce roi des forêts, croît indistinctement dans toutes les parties de la France.

Le charme et l'orme demandent un bon terrain, en pays plat ; ils viennent aussi très bien dans les lieux où se plaît le chêne.

Le hêtre aime les cantons septentrionaux de la France.

Le bouleau s'accommode très mal d'un terrain exposé au midi ; mais il s'élance très bien dans les lieux marécageux, humides, et exposés au couchant : ce bois est poreux et très léger ; il brûle très vite, et donne beaucoup de flamme ; ce qui le rend spécialement propre au chauffage des boulangers, pâtissiers, de la porcelaine, faïence, poterie, etc.

L'érable et le frêne se plaisent dans l'intérieur des forêts ; l'humidité qui s'y trouve est utile à leur reproduction et à leur pousse.

L'aune et le tremble ne viennent que dans les terrains gras et unis ; le froid leur est contraire.

Le châtaignier, le cormier, l'alisier, le cerisier, etc., se rencontrent çà et là dans les forêts.

Le bon bois de moule, celui qui doit faire un feu bon et durable, est facile à reconnaître à l'écorce graveleuse sèche et à ses veines serrées.

Le stère est le mètre cube ; la bûche a trois pieds six pouces.

Le double stère a juste 6 pieds 1 pouce 10 lignes sur 2 pieds 8 pouces 6 lignes de haut, ou 2 mètres sur 88 centimètres de haut, c'est-à-dire environ 8 centistères cubes de plus que la voie ancienne. La longueur du mètre est de 3 pieds 11 lignes $\frac{126}{1000}$ de ligne, et la superficie du mètre carré, de 9 pieds 5 pouces 7 lignes $\frac{17}{1000}$ carrés.

Le mètre cube ou stère vaut 29 pieds 300 pouces 756 lignes $\frac{172}{1000}$ de ligne, cubes ou 50,400 pouces cubes.

Le décistère ou dixième de stère vaut, par conséquent, 5,040 pouces cubes, le centistère ou dixième du décistère, 504 pouces cubes, et 215 lignes cubes ; le millistère 50 pouces et 712 lignes cubes, etc., etc.

Parmi les multiples du stère, le décastère seul est employé.

Conversion des toises, pieds, pouces et lignes usuels en mètres.

Lignes.	Mètres.	Pouces.	Mètres.
1	0002	1	0028
2	0005	2	0056
3	0007	3	0083
4	0009	4	0111
5	0012	5	0139
6	0014	6	0167

FRACTIONS DÉCIMALES.

Millimètres.	Lignes.
1	0432
2	0864
3	1296
4	1728
5	2160

Anciennes mesures usuelles.		Mesures. Anciennes mesures.	
Toise, 5 pi. 10 po.	1984	Toise, 6 p. 1 p. 10 l.	592
Pied, 11	8331	Pied, 3	765
Pouce,	11694	Pouce, 1	0314
Ligne,	0974	Ligne,	1026

Conversion des poids usuels en poids décimaux.

Seizièmes, ou grains usuels, en centigrammes. (1)

Seizièmes de grains.	Centig.	Grains.	Décigrammes.
1	0339	1	054
2	0678	2	109
3	1017	3	163
4	1356	4	217
5	1695	5	271

(1) Les décimales sont des millièmes de centigrammes.

Gros usuels.

1	....	4906
2	....	7813
3	....	11719
4	....	15625
5	....	19531

Onces usuelles en décagrammes.

1	....	3125
2	....	6250
3	....	9375
4	....	12500
5	....	15625

La livre usuelle est la moitié du kilogramme.
Le kilogramme fait deux livres usuelles.

Décigrammes.

1	....	18432
2	....	36864
3	....	55296
4	....	73728
5	....	92160

G. mes.

1	....	18432
2	....	36864
3	....	55296
4	....	11728
5	....	120160

Décagrammes.

	Onces.	Gros.	Grains.
1		2	4032
2		5	6864
3		7	48,96
5	1	4	57,60

Hectogrammes.

	Livres.	Onc.	Gros.	Grains.
1		3	1	43,2
2		6	3	14,4
3		9	4	57,6
5	1			

Sur les Moules en plâtre.

A la page 260, nous proposons de former le moule d'une feuille de cuivre jaune, et de renforcer cette feuille par le plâtre pour donner au moule la force nécessaire, comme cela se pratique maintenant.

Nous revenons d'autant plus sur cette proposition innovative, majeure même, que le camée et la pipe sont moulés dans des moules de cuivre, et que le dépouillement s'en opère facilement, au moyen d'huile douce et d'essence de térébenthine.

De ce côté la difficulté pourrait être levée.

Mais ici, dira-t-on, ce ne sont que de petits objets. Pourra-t-on obtenir le dépouillement des soupières, des jattes, des saucières, et surtout de la platerie?

Des moules de cette nouvelle espèce ne deviendront-ils pas trop chers ?

Faudra-t-il avoir recours au fondeur?

La pâte à camée, qui est une pâte composée, ne présente-t-elle pas un corps plus sec que la pâte de porcelaine, conséquemment plus facile à dépouiller ?

La terre de pipe, extrêmement grasse, n'est-elle pas, par sa propre nature, un corps qui se lie moins à un corps étranger, que la pâte de porcelaine, qui, dans l'état d'humidité, demande un corps qui aspire promptement cette humidité, cette pâte encore ne voulant aucune gêne pour opérer son retrait ?

Telles sont les questions qu'on pourrait nous faire, et auxquelles nous allons tâcher de répondre.

Sur la première question :

Si le cuivre permet le dépouillement des petits objets, il peut permettre celui des grands. Il ne peut y avoir à cet égard deux résultats différens. Une pâte ou une terre prenant facilement son retrait sur le cuivre, par le moyen de l'huile douce et de l'essence de térébenthine, la capacité ne saurait établir deux raisons. Le contact de l'air frappe le grand comme le petit; et ce contact vient efficacement aider les deux substances dont est enduit le moule.

Sur la deuxième question :

Le moule à feuille de cuivre reviendra plus cher que le moule en plâtre, cela est incontestable. Mais le moule sera d'un long usage, il conservera toujours nets les sujets, abrégera le travail au fini; et quand on voudra renouveler le moule, parce que la forme du modèle deviendra trop ancienne, la feuille de cuivre pourra être refondue ou vendue; ainsi sous ces deux rapports, il y aura peu de perte.

Sur la troisième question :

On n'aurait pas besoin, ce me semble, d'avoir recours au fondeur pour fondre le cuivre et mouler sur le modèle. Il suffirait de connaître la manière de fondre le cuivre. Eh bien, nous allons en donner l'idée.

Sur la quatrième et cinquième question :

La composition de la pâte ne peut faire qu'une pâte se détachera du cuivre, et que l'autre ne s'en détachera pas. Les ingrédiens qui aident au dépouillement sont indiqués : l'un graisse le moule, et, en le garantissant de l'humide, s'oppose à la jonction forcée de la pâte avec le moule; l'autre est une substance liquide qui sèche, et qui par conséquent aide à la retraite : ainsi, voilà deux raisons qui peuvent faire croire au dépouillement des grands objets comme à celui des petits.

Cette solution doit nécessairement se reporter à la terre de pipe.

Une dernière objection reste à prévoir.

Les moules dont les sujets sont parés d'ornemens, nécessitent des parties divisées pour la facilité du dépouillement, de même que les figures et les vases.

Dans ce cas, comment fera-t-on pour obtenir la sortie de ces parties des chapes des moules ?

Dans une manufacture, on sait comment le modeleur divise le moule : nous n'avons pas besoin de le dire ici. Mais comme il s'agit d'un moule à feuille de cuivre, il nous semble qu'outre la division par bandes de terre, de hauteur, il suffirait de graisser le cuivre, comme on graisse le plâtre ; que par ce simple moyen, il n'y aurait aucun embarras d'empêchement.

Le plâtre alors ne formerait pas plus corps avec le cuivre, qu'il ne le forme avec lui-même quand on lui oppose une substance qui s'oppose à sa liaison.

Si, dans notre supposition, nous pouvons nous tromper, on pourrait faire usage d'un papier fin, vernis ou huilé, qu'on appliquerait sur la feuille de cuivre, et ce serait sur cette feuille que l'on coulerait le plâtre. Le côté de la feuille de papier appliqué sur le cuivre, serait enduit d'un peu de terre délayée, ou de gomme arabique, afin de pouvoir facilement l'appliquer dans toute son étendue. Dans tout ceci, ce ne sont que des propositions; que MM. les fabricans fassent des essais en petit, ils pourront alors juger de leur mérite.

De la Fonte du cuivre.

On prend du cuivre en grenailles, on le mêle avec la mine de zinc nommée *pierre-calaminaire*, on fait fondre ce mélange dans des creusets, et on coule ensuite le métal dans des moules pour lui donner la forme qu'on juge à propos.

Le cuivre jaune n'a aucune ductilité quand il est chaud; mais lorsqu'il est froid, il paraît aussi ductile que le cuivre rouge, puisqu'on le tire en fils aussi fins que les cheveux, dont on fait des cordes d'instrumens de musique.

Le moule dont nous venons de parler serait le modèle; le modeleur inclinerait celui-ci, de manière à faire prendre au cuivre la forme du modèle; et nous pensons que le cuivre n'étant nullement graissé, le plâtre se gripperait parfaitement dessus.

Nous allons terminer en donnant encore un aperçu de la manière dont se font les moules par le fondeur.

Le moule est tout d'une pièce; il se fabrique lentement à différentes reprises, et par des couches d'abord aussi fines qu'un simple vernis, puis peu à peu plus massives, jusqu'à former un moule solide, qui, comme on le suppose, doit contenir en creux tous les traits qui sont en relief sur la figure de cire.

On commence par faire une potée ou composition de terre fine et de terre de vieux creusets ; quelques fondeurs y ajoutent de la fiente de cheval et de l'urine, qu'ils font macérer et laissent pourrir avec les terres, et ensuite ils broient et tamisent à plusieurs reprises. La composition étant délayée avec de l'eau et des blancs d'œufs, on y trempe un pinceau, et on étend un premier enduit très léger sur toute la figure de cire, et sur tous les tuyaux de cire qui y sont attachés. La première couche étant bien sèche, on réitère avec la même matière et avec le même instrument. On recommence ainsi à étendre 10, 12 et même 20 couches, en ne faisant aucun nouvel enduit sans avoir fait suffisamment sécher le précédent.

On est extrêmement attentif à donner beaucoup de finesse aux premières couches du moule qui touchent immédiatement la cire, parce qu'elles saisissent fidèlement les traits de la figure, et font mieux liaison dans le recuit qu'on doit faire du noyau du moule. Celui-ci fait avec la potée, se nomme chape, quand on lui a donné le degré de solidité nécessaire.

Pour un objet de médiocre grandeur, on se contente d'un fourneau placé sous la grille qui porte tout l'ouvrage.

Par ce peu, on conçoit que le moule, ainsi que le font les fondeurs, demande du temps, plusieurs jours de feu et nombre de précautions qu'il serait trop long de décrire ici. Mais les objets en porcelaine n'étant que très minimes en capacité, comparativement à une statue, les mille et une combinaisons du fondeur ne peuvent plus être nécessaires.

Résumé.

Nous savons que pour couler le plâtre sur le modèle, au lieu d'entourer celui-ci de terre, comme on le faisait depuis l'origine de la porcelaine, on l'entoure d'une feuille de plomb. Pour obvier à la perte que MM. les fabricans éprouvent quand le plomb ne peut plus leur servir, ne pourraient-ils pas le remplacer par une feuille de fer-blanc ou par une feuille de bois de sapin, amincie comme pour le tamis de soie. Pour contenir les deux bouts par le haut, on ferait emploi d'une pince en fer-blanc et d'une ficelle pour le bas.

AVIS IMPORTANT.

En se reportant à la page 8, §. III, on remarquera que nous disons :

« Quand on sera parvenu à lui faire subir (à la porcelaine) tous les degrés de chaleur et de froid possibles, elle deviendra, même pour la cuisine, un objet de première nécessité. »

A la page 10, § III, nous disons encore :

« L'auteur, M. Déprez, travaille à rendre la porcelaine propre à la chimie et à la cuisine. »

Enfin, à la page 190, au renvoi, nous disons :

« On nous a assuré qu'à Bayeux on fait une bonne porcelaine de cuisine : nous n'osons affirmer ce fait. »

Mais comme nous terminions la revue de la dernière épreuve de ce Traité, nous avons reçu par la poste cet avis officiel, que nous croyons, pour le bien de la société et dans l'intérêt du fabricant, devoir consigner ici.

MANUFACTURE DE BAYEUX (CALVADOS).

Porcelaine allant au feu, seul dépôt, rue du faubourg Saint-Martin, n°. 88, à Paris.

« Cette qualité précieuse d'aller au feu (la porcelaine) sans se briser, qui a mérité à son inventeur d'honorables distinctions aux expositions générales de 1819 et 1823, pour la solidité de la porcelaine qu'il fabrique, lui a permis d'étendre l'usage à des objets étrangers à la porcelaine, tels que pots couverts, marabouts, casseroles, gîtes à pâtés, réchauds, cafetières à la Dubelloi, de formes et dimensions diverses, et enfin toute espèce de vases de cuisine susceptibles d'endurer le plus grand feu.

« On trouve encore dans ce dépôt tous les articles des chimistes, pharmaciens et parfumeurs ; capsules, creusets, mortiers, pots chinois et gland, à pâte et à pommade, ceux à l'usage des restaurateurs et limonadiers. »

On voit donc, par cet exposé, que nous étions fondé à penser qu'on pouvait faire une porcelaine de cuisine. Il est maintenant à désirer qu'en général MM. les fabricans s'occupent de cette perfection, afin que dans peu la société puisse jouir d'un vaisselier en porcelaine à un prix modéré : comme il est encore à désirer que MM. les fabricans de faïence et de poterie écoutent enfin la voix de la chimie, qui depuis si long-temps leur crie : « Vos émaux sur les objets de vos fabrications empoisonnent à la longue ceux qui en font un usage journalier. »

FIN DU TOME PREMIER.

TABLE DES MATIÈRES

CONTENUES DANS CE VOLUME,

A.

Acides (des) .... *page* 136
Acide arsénique 138
Acide tungstique .... *ibid.*
Acide borique 139
Acide carbonique .... *ibid.*
Acide chrômique .... *ibid.*
Acide chlorique 140
Acide chlorique oxigéné .... *ibid.*
Acide fluorique 141
Acide iodique .... *ibid.*
Acide colombique et molybdique 138
Acide nitrique 142
Acide phosphorique 143
Acide sélénique 144
Acide sulfurique .... *ibid.*
Acide hydro-chloro-nitrique 147
Aluminoxides 95
Analyse des métaux 170
Analyse des pierres 177
Analyse des sels 180
Alquifoux 26
Amiante 133
Allophane 120
Amphigène 122
Argiles 97
Argile à potier 100
Argile à pipe 101
Argile bigarrée 108
Argile cimolite .... *ibid.*
Argile figuline .... *ibid.*
Argile alumineuse 109

Argile légère............................ *page* 109
Argile marneuse.......................... *ibid.*
Argile endurcie.......................... 110
Argile ampélite.......................... 111
Agate.................................... 117
Arséniates............................... 149
Arséniate potasse (sur).................. *ibid.*
Avant-propos............................. 1
Avis important........................... 368

B.

Barite ou protoxide de barium............ 60
Bols, ocres, terres bolaires, de Sienne, etc..... 111
Borates (des)............................ 148
Biscuit (du)............................. 208
Borax.................................... 149
Bleu de Prusse........................... 302
Blanc de M. Montami...................... 305
Bleu..................................... 311
Brunissage............................... 338
Bois (du)................................ 355

C.

Calamine................................. 130
Carbone.................................. 50
Cérine................................... 130
Chlore................................... 50
Chabasie................................. 122
Chaux, ou protoxide de calcium........... 61
Calcédoine............................... 116
Cornaline................................ 117
Carbonate de soude (sous)................ 152
Carbonate de potasse..................... *ibid.*
Chrômates................................ 153
Colcotar, ou rouge d'Angleterre.......... 159
Collyrite................................ 121
Cailloux (des)........................... 207
Carbonates............................... 150
Chondroïte............................... 130
Craie.................................... 151

Camée (du). . . . . *page* 250
Cuisson de la porcelaine. 263
Composition des couleurs. 277
Couleurs produites par les différens oxides. . . . 289
Couleurs diverses. . . . . *ibid.*
Carmin de Hollande. 300
Corindon. 94
Converte (préparation de la) 328
Cyanite. 120
Cuisson des couleurs. 335
Chrysobéril 95

D.

Défournement. 273
Défectuosité des pièces 274
Dessin (du). 333
Dioptase. 130

E.

Eau. 50
Emeril, ou corindon granulaire. 95
Emaux (des). 106
Emeraude. 123
Extraction des argiles. 106
Ebauche (de l'). 217
Encastement 264
Enfournement. 269
Explication des termes géométriques. 354

F.

Feld-spath. 121
Fluates ou phtorates. 181
Four (du). 202
Figuriste (du) 248
Fleuriste (du). 250
Fondans (des) 282

G.

Gadolinite 131

Gypse (du)............................ *page* 208
Garnisseur (du)....................... 233
Garniture (du fini)................... 237
Gazettes.............................. 260
Grenat commun........................ 125
Grenat de fer........................ *ibid.*
Grenat de chaux, grossulaire......... *ibid.*
Grenat de chaux et de fer............ *ibid.*
Grenat de manganèse.................. *ibid.*

H.

Haüyne (l'), ou saphirine............ 126
Hornblende........................... *ibid.*
Lapis-lazuli, lazulite, pierre d'azur... 127
Hydrogène............................ 51
Hydracides........................... 145
Hydro-chlorates...................... 160
Hydro-chlorates de protoxide d'étain... 161
Hydro-chlorate de soude.............. 162
Hydro-chlorate de cobalt............. *ibid.*
Hydro-chlorate d'or.................. 161

J.

Jaspes............................... 117
Jaunes divers........................ 319

K.

Kaolin, ou terre à porcelaine........ 99

L.

Liége de montagne.................... 133
Lithine, ou oxide de lithium......... 62

M.

Micarelle............................ 122
Métaux terreux....................... 20
Magnésite............................ 131
Des métaux ordinaires................ 25
    Antimoine........................ *ibid.*

Argent.. *page* 27
Arsenic.. 29
Bismuth.. 30
Cadmium... *ibid.*
Cérium... 31
Chrôme.. 32
Cobalt... 33
Cuivre... *ibid.*
Etain.. 34
Fer.. 35
Iridium.. 38
Manganèse... *ibid.*
Mercure... 39
Molybdène... 40
Nikel.. *ibid.*
Or.. *ibid.*
Osmium.. 42
Palladium.. *ibid.*
Platine.. *ibid.*
Plomb... 45
Rhodium... 46
Tellure.. 47
Titane... *ibid.*
Tungstène.. *ibid.*
Urane... 48
Zinc.. *ibid.*
Métaux (des)...................................... 19
Métaux alcalins (des)............................... 21
Minéralisateurs ou acides........................... 49
Massicot (du)...................................... 84
Minium et sa préparation........................... *ibid.*
Mélanges alumineux (des)........................... 96
Macération (ou mélange)............................ 209
Manufacture (de la)................................ 194
Matières (choix des)............................... 204
Préparation, *idem*................................ 205
Modeleurs (des)................................... 254
Mouleur (du)...................................... 241
Moules (des)...................................... 255
Mise en émail..................................... 265

Mise au four, ou cuite de l'émail.......... *page* 270
Moulage (du fini)................................ 267
Moules en plâtre (sur les)...................... 362

N.

Nitrate de potasse............................... 154
Notions préliminaires........................... 15

O.

Oxacides... 138
Oxides... 52
Oxides alcalins.................................... 59
Oxides métalliques................................ 57
Oxide d'antimoine................................. 63
Oxide d'argent.................................... 64
Oxide d'arsenic................................... *ibid.*
Oxide de bismuth.................................. 66
Oxide de cadmium................................. 67
Oxide de cérium................................... *ibid.*
Oxide de chrôme................................... 68
Oxide de cobalt................................... *ibid.*
    Deutoxide.................................. 69
Oxides de cuivre.................................. 70
Oxides d'étain.................................... 71
Oxides de fer..................................... 72
    Tritoxide, ou safran de Mars astringent...... 73
Oxide de manganèse................................ 74
Oxides de mercure................................. 75
Oxides de molybdène............................... 76
Oxide de nikel.................................... *ibid.*
Oxides d'or....................................... *ibid.*
Oxides de plomb................................... 82
Oxides de plomb (composition des)................. 83
Oxide de palladium................................ 87
Oxide de platine.................................. *ibid.*
Oxide de rhodium.................................. *ibid.*
Oxide de tellure.................................. 88
Oxide de titane................................... *ibid.*
Oxide de tungstène................................ *ibid.*
Oxides d'urane.................................... *ibid.*

Oxide de zinc.......................... *page* 89
Oxides terreux.......................... *ibid.*
   L'alumine, ou oxide d'aluminium,........... 91
   La magnésie, ou oxide de magnésium........ 90
   La glucine, ou oxide de glucinium.......... *ibid.*
   La thorine, ou oxide de thorinium........... *ibid.*
   La silice, ou oxide de silicium............. 91
   L'yttria, d'yttrium......... etc........... *ibid.*
   La zircone............................. *ibid.*

P.

Potassium.............................. 25
Phtore................................. 54
Phosphore.............................. *ibid.*
Potasse (la)............................ 55
Perlstein.............................. 121
Pourpre de Cassius...................... 77
Préparation du bleu, *dit* d'outremer........ 128
Phosphates............................ 155
Porcelaine 184
Préparation des matières................ 205
Pâte (préparation de la)................. 211
Pâtes (composition des)................. 214
Platine (application du)................. 325
Poids spécifique des corps.............. 344
Poids décimaux......................... 362
Plombagine 37
Pimélite.............................. 131
Pumice................................ 121
Plomb gommé.......................... 96

Q.

Quartz................................ 115

R.

Roches 16
Rouille, ou chaux métallique............ 53
Rubis (le), balai de Kirwan, etc........... 95
Réparateur des vases (du)............... 249
Repassage de l'émail................... 267

Reliure des gazettes.......................... *page* 275
Résumé....................................... 368

S.

Sodium....................................... 24
Silicate...................................... 52
Sélénium..................................... 55
Soufre....................................... 56
Saphir....................................... 94
Soude, ou protoxide de sodium................ 57
Schistes..................................... 111
Silicates alumineux........................... 120
Silicates non alumineux...................... 129
Serpentine.................................. *page* 131
Silicate de manganèse........................ 132
Spath adamantin............................. 94

T.

Terre à foulon............................... 107
Talcs....................................... 123

V.

Vert de Schéèle.............................. 65
Vert de métis ou vert de Vienne.............. *ibid.*
Vert de Schweinfurt......................... *ibid.*
Variations dans les compositions............. 323
Vases Murrhins.............................. 325
Véhicules (des).............................. 281
Verre (du).................................. 282

FIN DE LA TABLE DU TOME PREMIER.